高等院校职业技能实训规划教材

Adobe Premiere Pro CC
影视编辑设计与制作案例
技能实训教程

杜淑颖　编著

U0252670

清华大学出版社
北京

内 容 简 介

本书根据教学经验以及各个高校师生的反馈，摒弃传统的、大段文字理论的模式，采用先实例后基础的模式进行讲解，让读者通过完成实例作品产生兴趣和成就感，再辅以步骤操作式的基础内容讲解，从而迅速地掌握 Premiere。

全书共 9 章，实操案例包括制作《匆匆那年》影片、制作多画面电视墙效果、制作动态旋转字幕、制作甜蜜恋人影片、制作节日影片、制作动感 DJ、制作 AVI 格式影片，以及婚纱摄影宣传广告案例、城市宣传片案例等。理论知识涉及素材采集与导入、素材编排与归类、视频剪辑操作、字幕设计、视频切换效果、音频的编辑、音频特效、项目的输出等内容，并在每章后安排了针对性的项目练习，以供读者巩固所学内容。

全书结构合理、语言通俗、图文并茂、易教易学，既适合作为高职高专院校和应用型本科院校计算机专业、影视学专业的教材，又适合作为广大影视编辑爱好者的参考书。

图书在版编目(CIP)数据

Adobe Premiere Pro CC影视编辑设计与制作案例技能实训教程 / 杜淑颖编著． —北京：清华大学出版社，2019（2023.1重印）

（高等院校职业技能实训规划教材）

ISBN 978-7-302-51775-7

Ⅰ.①A… Ⅱ.①杜… Ⅲ.①视频编辑软件—高等职业教育—教材 Ⅳ.①TP317.53

中国版本图书馆CIP数据核字（2018）第274391号

责任编辑：李玉茹
封面设计：杨玉兰
责任校对：鲁海涛
责任印制：丛怀宇

出版发行：清华大学出版社

网　　　址：http://www.tup.com.cn，http://www.wqbook.com

地　　　址：北京清华大学学研大厦A座　　　　　邮　　编：100084

社　总　机：010-83470000　　　　　　　　　　邮　　购：010-62786544

投稿与读者服务：010-62776969，c-service@tup.tsinghua.edu.cn

质量反馈：010-62772015，zhiliang@tup.tsinghua.edu.cn

印　装　者：小森印刷（北京）有限公司

经　　　销：全国新华书店

开　　本：185mm×260mm　　　印　　张：21.25　　　字　　数：338千字

版　　次：2019年2月第1版　　　印　　次：2023年1月第7次印刷

定　　价：69.00 元

产品编号：081701-01

FOREWORD
前 言

软件功能？ ■────────────────────

Adobe Premiere Pro 是由 Adobe 公司推出的一款视频编辑软件，提供了采集、剪辑、调色、美化音频、字幕设计、输出、DVD 刻录等一整套流程，深受广大视频爱好者的喜爱。Premiere 作为功能强大的多媒体视频、音频编辑软件，被广泛应用于电视节目制作、广告制作及电影剪辑等领域，制作效果良好，可协助用户更加高效地工作。Adobe Premiere Pro 以其新的人性化界面和通用高端工具，兼顾了广大视频用户的不同需求，具有强大的生产能力、控制能力和灵活性。

本书共 9 章，各部分具体内容如下。

第 1 章　介绍了 Premiere Pro 的工作界面、功能特性等知识。通过对本章的学习，用户可以全面认识和掌握 Premiere Pro CC 2018 的工作界面及视频剪辑的基本流程。

第 2 章　介绍了监视器窗口剪辑素材、时间线上剪辑素材、项目窗口创建素材等。

第 3 章　介绍了字幕的创建、通过文字工具创建新版字幕、使用软件自带的字幕模板、字幕设计面板、在视频中添加字幕等。

第 4 章　讲解了视频切换的使用方法。

第 5 章　讲解了视频特效以及关键帧制作特效的应用。

第 6 章　讲解了音频的分类、音轨混合器、编辑音频、音频特效等。

第 7 章　介绍了项目输出格式、输出设置等。

第 8 章　介绍了宣传广告各场景效果的制作等。

第 9 章　介绍了怎样制作一个城市宣传片，通过在序列中创建字幕、为素材设置关键帧、应用嵌套序列等操作，从而产生视频效果。

本书优点 ■━━━━━━━━━━━━━━━━━━━━━━━━━━━━━━━━━━

＊　内容全面。覆盖了 Premiere CC 2018 中文版所有选项和命令。

＊　语言通俗易懂，讲解清晰，前后呼应。以最小的篇幅、最易懂的语言来讲述每一项功能和每一个实例。

＊　实例丰富，技术含量高，与实践紧密结合。每一个实例都倾注了作者多年的实践经验，每一个功能都经过技术认证。

＊　版面美观，图例清晰，并具有针对性。每一个图例都经过作者精心策划和编辑。

作者团队

本书由杜淑颖（徐州生物工程职业技术学院）编著，其中朱晓文、刘蒙蒙、陈月娟、陈月霞、刘希林、黄健、黄永生、田冰、徐昊、刘德生、宋明、刘景君、姚丽娟、张锋、相世强、徐伟伟、王海峰、王强、牟艳霞、李娜老师为本书的编写付出了辛苦工作，在此表示感谢。

本书在创作过程中，由于时间仓促，作者水平有限，错误在所难免，希望广大读者批评指正。

需要获取教学课件、视频、素材的老师可以发送邮件到：619831182@QQ.com，制作者会在第一时间将其发送至您的邮箱。

编者

CONTENTS
目录

CHAPTER / 03

制作动态旋转字幕——字幕设计详解

CHAPTER / 04

制作甜蜜恋人影片——视频切换效果详解

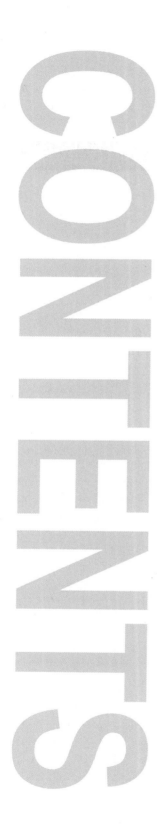

CHAPTER / 05

制作节日影片——视频特效详解

CHAPTER / 06
制作动感 DJ——音频剪辑详解

CHAPTER / 07
制作 AVI 格式影片——项目输出详解

CHAPTER / 08
综合案例——婚纱摄影宣传广告

CHAPTER / 09
综合案例——城市旅游宣传片

CHAPTER 01

Premiere 基础操作详解——制作第一个影片《匆匆那年》

本章概述 SUMMARY

■ 基础知识
√ Premiere 的基础操作

■ 重点知识
√ 素材的导入
√ 常用图像文件格式

■ 提高知识
√ 影视术语
√ 影片的制作流程及表现方法
√ 素材的导入及编辑处理

Adobe Premiere Pro 是目前最流行的非线性编辑软件，也是全球用户量最多的非线性视频编辑软件，是数码视频编辑的强大工具。本章将对 Premiere Pro 的工作界面、功能特性等知识进行讲解。通过对本章的学习，用户可以全面认识和掌握 Premiere Pro 的工作界面及视频剪辑的基本流程。

◎ 导出项目

◎ 保存文件

【入门必练】制作第一个影片《匆匆那年》

本案例中友情视频不但重在通过装饰视频画面考虑，还要从美观且与背景融合的角度思考，着重体现素材之间的可控性特点，效果如图 1-1 所示。

图 1-1　效果展示

01 启动 Premiere Pro CC 软件，在【开始】界面中单击【新建项目】按钮，如图 1-2 所示。

02 打开【新建项目】对话框，在【名称】文本框中输入"匆匆那年"，单击【位置】右侧的【浏览】按钮，设置保存位置，单击【确定】按钮，如图 1-3 所示。

图 1-2　新建项目

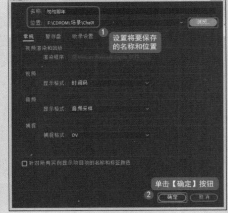

图 1-3　设置名称和位置

03 按 Ctrl+N 组合键，打开【新建序列】对话框，选择 DV-PAL 选项组中的【标准 48kHz】序列文件，单击【确定】按钮，如图 1-4 所示。

04 在【项目】面板中导入素材 \ 第 5 章 \ "友情 1.jpg、友情 2.jpg、友情 3.jpg、友情 4.jpg、友情 5.jpg、友情 6.jpg、友情 7.jpg、友情 8.jpg、友情 9.jpg、友情 10.jpg、友情 11.jpg、友情 12.jpg、点光 .avi"文件，如图 1-5 所示。

05 在【项目】面板中单击鼠标右键，在弹出的快捷菜单中执行【新建项目】|【颜色遮罩】命令，如图 1-6 所示。

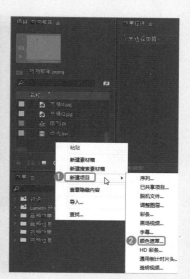

图 1-4　新建序列　　　　　　　图 1-5　导入素材文件　　　　图 1-6　选择【颜色遮罩】命令

06 在打开的【拾色器】对话框中将颜色设置为 # FFF100，单击【确定】按钮，在打开的【选择名称】对话框中使用默认名称，单击【确定】按钮，如图 1-7、图 1-8 所示。

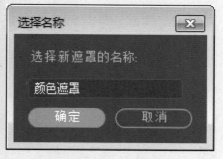

图 1-7　设置颜色　　　　　　　　　　　　图 1-8　【选择名称】对话框

07 在菜单栏中执行【文件】|【新建】|【旧版标题】命令，在打开的对话框中使用默认设置，单击【确定】按钮，进入字幕编辑器，使用【输入工具】**T** 输入文字，在右侧将【旧版标题属性】选项组中的【字体系列】设置为汉仪秀英体简，【字体大小】设置为 71，将【填充】选项组中的颜色设置为 # E43C7A，添加一个外描边，将【类型】设置为【边缘】，【大小】设置为 33，【颜色】设置为白色，如图 1-9 所示。

08 在【变换】下将【X 位置】与【Y 位置】分别设置为 390.8、296，如图 1-10 所示。

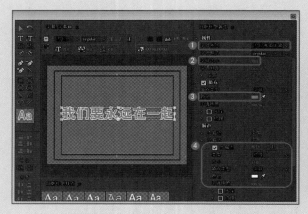

图 1-9 输入文字并设置参数　　　　　　　　　　　　　　　图 1-10 设置位置

09 使用【输入工具】 **T** 输入文字，设置参数与上一步相差不多，只需将【字体大小】设置为
30，然后使用【直线工具】 ／ 绘制水平直线，在右侧将【旧版标题属性】选项组中的【图形类型】
设置为打开曲线，【线宽】设置为 3，将【填充】选项组中的颜色设置为 #E43C7A，添加一个外
描边，将【类型】设置为【边缘】，【大小】设置为 3，【颜色】设置为白色，如图 1-11 所示。

10 将当前时间设置为 00:00:00:00，选择【项目】面板中的友情 1.jpg 文件，将其拖曳到视频 1 轨道中，
使其开始处与时间线对齐，持续时间设置为 00:00:05:00，在【效果】面板中搜索【RGB 颜色校正
器】效果拖曳到视频 1 轨道中的素材上，并选中该素材，切换至【效果控件】面板，将【运动】
选项组中的【缩放】设置为 78，将【RGB 颜色校正器】下的【色调范围】设置为【高光】，将【灰
度系数】设置为 3.88，如图 1-12 所示。

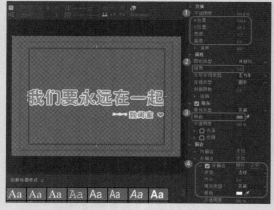

图 1-11 设置直线参数　　　　　　　　　　　　　　　图 1-12 设置素材缩放并添加效果

知识链接

　　【深度】：这是正常的描边效果。选择【深度】选项，可以在【大小】参数栏设置边缘宽度，
在【色彩】参数栏指定边缘颜色，在【透明】参数栏控制描边的不透明度，在【填充类型】
中控制描边的填充方式，这些参数和前面学习的填充模式基本一样。

　　【边缘】：在【边缘】模式下，对象产生一个厚度，呈现立体字的效果。可以在【角度】
设置栏中调整滑轮，改变透视效果。

　　【凹进】：在【凹进】模式下，对象产生一个分离的面，类似于产生透视的投影，可以

在【级别】设置栏控制强度，在【角度】中调整分离面的角度。

⑪ 在【效果】面板中搜索【交叉划像】特效，将其拖曳到视频 1 轨道中的素材开始处，选中素材上的切换效果，在【效果控件】面板中将【持续时间】设置为 00:00:00:12，如图 1-13 所示。

⑫ 将当前时间设置为 00:00:00:20，选择【项目】面板中的友情1.jpg 文件，将其拖曳到视频 2 轨道中，使其开始处与时间线对齐，将其持续时间设置为 00:00:02:02，并选中该素材，切换至【效果控件】面板，将【运动】选项组中的【缩放】设置为 78，在【效果】面板中搜索【油漆飞溅】特效，并拖曳到视频 2 轨道中的素材开始处，如图 1-14 所示。

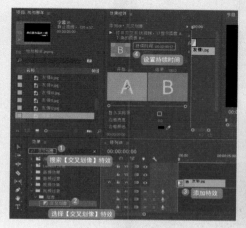

图 1-13　向素材开始处添加效果　　　　　　　　　　　图 1-14　继续添加效果

⑬ 将当前时间设置为 00:00:00:12，选择【项目】面板中的点光.avi 文件，将其拖曳到视频 5 轨道中，使其开始处与时间线对齐，将其持续时间设置为 00:00:10:00，并选中该素材，切换至【效果控件】面板，将【运动】选项组中的【位置】设置为 360、349，【缩放】设置为 42，将【不透明度】下的【混合模式】设置为【滤色】，如图 1-15 所示。

图 1-15　设置参数

　　在轨道上单击鼠标右键，在弹出的快捷菜单中执行【添加单个轨道】命令，即可在轨道中增加一条视频轨道。

14 将当前时间设置为00:00:02:22,选择【项目】面板中的友情2.jpg文件,将其拖曳到视频2轨道中,使其开始处与时间线对齐,将持续时间设置为00:00:04:00,当前时间设置为00:00:05:12,并选中该素材,切换至【效果控件】面板,将【运动】选项组中的【缩放】设置为78,单击其左侧的【切换动画】按钮,单击【不透明度】选项组中【不透明度】右侧的【添加/移除关键帧】按钮,添加关键帧,如图1-16所示。

图1-16 添加关键帧

15 将当前时间设置为00:00:06:00,切换至【效果控件】面板,将【运动】选项组中的【缩放】设置为193,将【不透明度】选项组中的【不透明度】设置为0%,如图1-17所示。

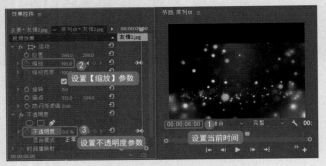

图1-17 设置【缩放】和【不透明度】参数

16 将当前时间设置为00:00:02:10,选择【项目】面板中的颜色遮罩文件,将其拖曳到视频3轨道中,使其开始处与时间线对齐,将持续时间设置为00:00:02:10,在【效果】面板中搜索【交叉溶解】特效,拖曳至视频2轨道中友情1.jpg与友情2.jpg两个素材之间,然后拖曳至视频3轨道中彩色蒙版的开始处,并在颜色遮罩的结尾处添加【带状滑动】效果,如图1-18所示。

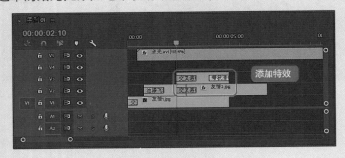

图1-18 添加特效

17 将当前时间设置为 00:00:05:00, 选择【项目】面板中的友情 3.jpg 文件, 将其拖曳到视频 1 轨道中, 使其开始处与时间线对齐, 将持续时间设置为 00:00:05:00, 当前时间设置为 00:00:05:12, 并选中该素材, 切换至【效果控件】面板, 将【运动】选项组中的【缩放】设置为 481, 并单击【缩放】左侧的【切换动画】按钮 , 将【不透明度】选项组中的【不透明度】设置为 0%, 如图 1-19 所示。

图 1-19　设置【缩放】和【不透明度】参数

18 将当前时间设置为 00:00:06:00, 切换至【效果控件】面板, 将【运动】选项组中的【缩放】设置为 78, 将【不透明度】选项组中的【不透明度】设置为 100%, 如图 1-20 所示。

图 1-20　继续设置参数

19 将当前时间设置为 00:00:06:22, 选择【项目】面板中的友情 4.jpg 文件, 将其拖曳到视频 2 轨道中, 使其开始处与时间线对齐, 持续时间设置为 00:00:05:00, 并选中该素材, 切换至【效果控件】面板, 单击【运动】选项组中【缩放】左侧的【切换动画】按钮 , 如图 1-21 所示。

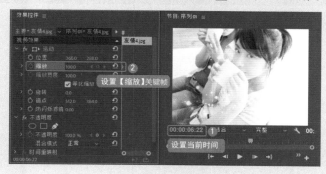

图 1-21　添加【缩放】关键帧

⑳ 将当前时间设置为 00:00:07:22，切换至【效果控件】面板，将【运动】选项组中的【缩放】设置为 78.9，如图 1-22 所示。

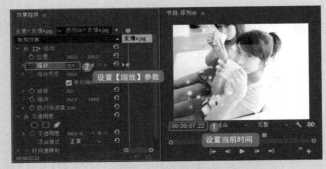

图 1-22　设置【缩放】参数

㉑ 在【效果】面板中搜索【随机擦除】特效，将其拖曳至视频 2 轨道中友情 2.jpg 与友情 4.jpg 素材之间，如图 1-23 所示。

图 1-23　添加特效

㉒ 使用同样的方法将其他素材拖曳至视频轨道中，并向素材之间添加特效，如图 1-24 所示。

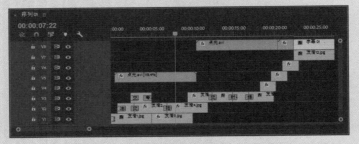

图 1-24　制作其他效果

㉓ 将场景进行保存，并将视频导出。

1.1　Premiere Pro 入门须知

　　Premiere Pro 作为功能强大的多媒体视频、音频编辑软件，应用范围广，制作效果好，可协助用户更加高效地工作。Premiere Pro 的整个用户界面由多个活动面板组成，数码视频的后期处理就是在各个面板中进行的。

■ 1.1.1 Premiere 的应用领域及就业范围

Premiere 由 Adobe 公司开发，是一款基于非线性编辑设备的视 / 音频编辑软件，可在各种平台下和硬件配合使用，被广泛地应用于广告制作、电影剪辑等领域，成为 PC 和 MAC 平台上应用最为广泛的视 / 音频编辑软件。它是一款相当专业的 DV(Desktop Video) 编辑软件，可以制作出广播级的视频作品。在普通的计算机上，配以比较廉价的压缩卡或输出卡，同样可制作出专业级的视频作品和 MPEG 压缩影视作品。

● Premiere 应用范围如下：	● Premiere 应用行业如下：
◆专业视频数码处理	◆出版行业
◆字幕制作	◆教育部门
◆多媒体制作	◆电视台
◆视频短片编辑与输出	◆广告公司
◆企业视频演示	
◆教育	

■ 1.1.2 Premiere Pro CC 2018 工作界面

Premiere Pro 在制作中允许专业人员用更少的渲染作更多的编辑。下面对 Premiere Pro CC 2018 的操作面板、功能面板及主菜单栏进行详细讲解。

1．菜单栏

【菜单栏】包括文件、编辑、剪辑、序列、标记、图形、窗口和帮助 8 组菜单选项，每个菜单选项代表一类命令。

2．【项目】面板

【项目】面板用于对素材进行导入、存放和管理，如图 1-25 所示。该面板可以用多种方式显示素材，包括素材的缩略图、名称、类型、颜色标签、出入点等信息；也可对素材进行分类、重命名，并新建其他类型的素材。

图 1-25 【项目】面板

3．【监视器】面板

【监视器】面板（后又称为【节目】面板）显示的是音频、视频节目编辑合成后的最终效果，用户可通过预览最终效果来评估编辑的效果与质量，以便进行调整和修改，如图 1-26 所示。

图 1-26　【监视器】面板

在该面板的右下方有【提升】、【提取】工具，可以用来删除序列中选中的部分内容，单击右下角的【导出单帧】按钮，打开【导出单帧】对话框，可将序列单独导出为单帧图片。

4．【时间线】面板

【时间线】面板是 Premiere 中最主要的编辑面板，如图 1-27 所示。在该面板中可按照时间顺序排列和连接各种素材、剪辑片段和叠加图层、设置动画关键帧和合成效果等。时间线还可多层嵌套，该功能对制作影视长片或者复杂特效十分有效。

5．【工具】面板

【工具】面板中存放着多种常用操作工具，这些工具主要用于在【时间线】面板中进行编辑操作，如选择、移动、裁剪等，如图 1-28 所示。

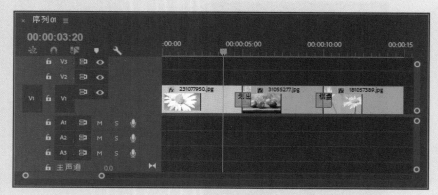

图 1-27　【时间线】面板　　　　　　　　　　　图 1-28　【工具】面板

6．自定义工作区

Premiere Pro 提供了【编辑】、【效果】等多种预设布局，用户可根据自身编辑习惯来选择其中一种布局模式，并对当前布局模式进行编辑，例如调整部分面板在操作界面中的位置，取消某些面板或者面板在操作界面中的显示等。在任意一个面板右上角单击扩展按钮，在弹出的扩展菜单中执行【浮动面板】命令，如图 1-29 所示，即可使当前面板脱离操作界面，如图 1-30 所示。

图 1-29　选择【浮动面板】命令

图 1-30　【源】浮动面板

　　当调整后的界面布局并不适用于编辑需要时，用户可将当前布局模式重置为默认的布局模式。重置布局模式的命令为【窗口】|【工作区】|【重置为保存的布局】。下面将对其具体的设置操作进行介绍。

01 打开项目文件，即可观看工作区布局，如图 1-31 所示。

图 1-31　观看工作区布局

02 执行【窗口】|【工作区】|【重置为保存的布局】命令，如图 1-32 所示。

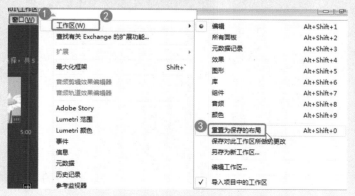

图 1-32　执行【重置为保存的布局】命令

03 完成上述操作后，即可观看重置后的工作区效果，如图 1-33 所示。

图 1-33　重置后的工作区效果

1.1.3　视频剪辑的基本流程

本节将介绍运用 Premiere Pro 视频编辑软件进行影片编辑的工作流程。通过本节的学习，可以了解如何把零散的素材整理制作成完整的影片。

1. 前期准备

要制作一部完整的影片，首先要有一个优秀的创作构思将整个故事描述出来，确定故事的大纲。随后根据故事的大纲做好细节描述，以此作为影片制作的参考指导。脚本编写完成之后，按照影片情节的需要准备素材。素材的准备工作是一个复杂的过程，一般需要使用 DV 等摄像机拍摄大量的视频素材，另外还需要收集音频和图片等素材。

2. 设置项目参数

要使用 Premiere Pro 编辑一部影片，首先应创建符合要求的项目文件，并将准备的素材文件导入至【项目】面板中备用。设置项目参数包括以下两点：其一，在【新建项目】对话框中设置项目参数，如图 1-34 所示；其二，在【首选项】对话框中执行子菜单命令，设置软件的工作参数，如图 1-35 所示。

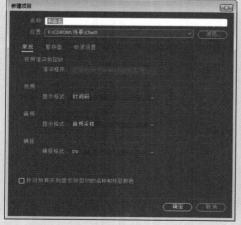

图 1-34　【新建项目】对话框

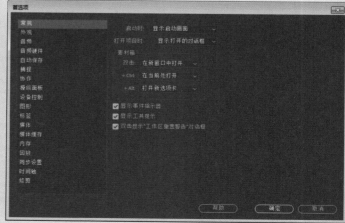

图 1-35　【首选项】对话框

新建项目时，设置项目主要包括序列的编辑模式与帧大小等参数、轨道参数。

3. 导入素材

在新建项目之后，接下来需要做的是将待编辑的素材导入到 Premiere 的【项目】面板中，为影片编辑做准备。

导入素材的方法是执行【文件】|【导入】命令，通过打开的【导入】对话框导入素材，如图 1-36 所示。在实际操作中，用户也可以直接在【项目】面板的空白处双击，通过【导入】对话框导入素材，如图 1-37 所示。

图 1-36　执行【导入】命令　　　　　图 1-37　选择导入的素材文件

4. 编辑素材

导入素材之后，接下来在【时间线】面板中可对素材进行编辑等操作。编辑素材是使用 Premiere 编辑影片的主要内容，包括设置素材的帧频及画面比例、素材的三点和四点插入法等，这部分内容将在后面的章节中进行详细讲解。

5. 导出项目

在编辑完项目之后，就需要将编辑的项目进行导出。导出项目包括两种情况：导出媒体和导出编辑项目，以便于其他软件进行编辑。

其中，导出媒体即将已经编辑完成的项目文件导出为视频文件，一般应该导出为有声视频文件，且应根据实际需要为导出影片设置合理的压缩格式。导出媒体需要在【导出设置】对话框中设置相应的媒体参数，如图 1-38 所示。导出项目包括导出到 Adobe Clip Tape、回录至录影带、导出到 EDL、导出到 OMP 等。

图 1-38　导出项目

知识链接

影视编辑色彩与常用图像：

色彩和图像是影视编辑中必不可少的部分，一个好的影视作品由好的色彩搭配和漂亮的图片结合而成。另外，在制作时，需要对色彩的模式、图像类型、分辨率等有一个充分的了解，这样在制作中才能够知道所需要的素材类型。

1. 色彩模式

色彩模式是数字世界中表示颜色的一种算法。在数字世界中，为了表示各种颜色，人们通常将颜色划分为若干分量。由于成色原理的不同，决定了显示器、投影仪、扫描仪这类靠色光直接合成颜色的颜色设备和打印机、印刷机这类靠使用颜料的印刷设备在生成颜色方式上的区别。

在计算机中表现色彩，是依靠不同的色彩模式来实现的。下面将介绍几种在编辑中常见的色彩模式。

（1）RGB 色彩模式

RGB 颜色是由红、绿、蓝三原色组成的色彩模式。图像中所有的色彩都是由三原色组合而来的。

三原色中的每一种色一般都可包含 256 种亮度级别，三个通道通过合成就可显示完整的彩色图像。电视机或监视器等视频设备就是利用光色三原色进行彩色显示的，在视频编辑中，RGB 是唯一可以使用的配色方式。

RGB 图像中的每个通道一般可包含 2^8 个不同的色调。通常所提到的 RGB 图像包含三个通道，因而在一幅图像中可以有 2^{24}（约 1670 万）种不同的颜色。

在 Premiere 中可以通过对红、绿、蓝三个通道数值的调节，来调整图像色彩。三原色中每一种都有一个 0～255 的取值范围，当三个值都为 0 时，图像为黑色；当三个值都为 255 时，图像为白色。如图 1-39 所示。

（2）灰度模式

灰度模式属于非彩色模式，如图 1-40 所示，它只包含 256 级不同的亮度级别，只有一个 Black 通道。剪辑人员在图像中看到的各种色调都是由 256 种不同强度的黑色所表示的。灰度图像中的每个像素的颜色都要用 8 位二进制数字存储。

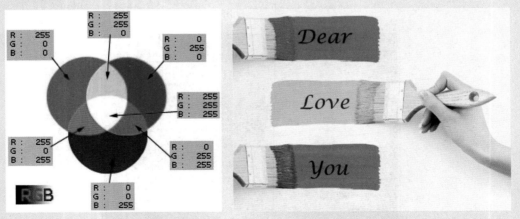

图 1-39　三原色　　　　　　　　　图 1-40　灰度模式

知识链接

（3）Lab 色彩模式

Lab 颜色通道由一个亮度通道和两个色度通道 a、b 组成。其中 a 代表从绿到红的颜色分量变化；b 代表从蓝到黄的颜色分量变化。

Lab 色彩模式作为一个彩色测量的国际标准，是基于最初的 CIE1931 色彩模式。1976 年，这个模式被定义为 CIELab，它解决了彩色复制中由于显示器或印刷设备的不同而带来的差异问题。Lab 色彩模式是在与设备无关的前提下产生的，因此，它不考虑剪辑人员所使用的设备。

（4）HSB 色彩模式

HSB 色彩模式是基于人对颜色的心理感受而形成，它将色彩分成三个要素：色调（Hue）、饱和度（Saturation）和亮度（Brightness）。因此这种色彩模式比较符合人的主观感受，可让使用者觉得更加直观。它可由底与底对接的两个圆锥体立体模型来表示。其中轴向表示亮度，自上而下由白变黑。径向表示饱和度，自内向外逐渐变高。而圆周方向则表示色调的变化，形成色环。

（5）CMYK 色彩模式

CMYK 色彩模式也称作印刷色彩模式，CMYK 色彩模式下的图像是一种依靠反光的色彩模式，如图 1-41 所示。和 RGB 类似，CMY 是 3 种印刷油墨英文名称的首字母：青色（Cyan）、品红色（Magenta）、黄色（Yellow），而 K 取的是 Black 最后一个字母，之所以不取首字母，是为了避免与蓝色（Blue）混淆。从理论上来说，只需要 CMY 三种油墨就足够了，将它们混合在一起就得到黑色。但是由于目前的制造工艺还不能生产出高纯度的油墨，CMY 相加的结果实际是暗红色，所以需要 K 来进行补充黑色，CMYK 颜色表如图 1-42 所示。

图 1-41　CMYK 色彩模式下的图像

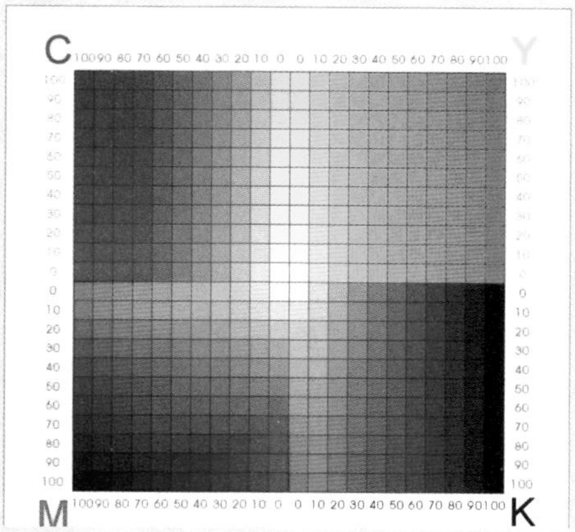

图 1-42　CMYK 颜色表

2. 色彩的分类与特性

自然界中的色彩五颜六色，千变万化。如香蕉是黄色的，天是蓝色的，橘子是橙色的，草是绿色的等，平时所看到的白色光经过分析，在色带上可以看到包括红、橙、黄、绿、青、蓝、紫 7 种颜色，各颜色间自然过渡。其中，红、绿、蓝是三原色，三原色通过不同比例的混合可以得到各种颜色。色彩有冷色、暖色之分，冷色给人的感觉是安静、冰冷；暖色给人

知识链接

的感觉是热烈、火热。将冷色、暖色巧妙运用可以产生意想不到的效果。

我国古代把黑、白、玄（偏红的黑）称为"色"，把青、黄、赤称为"彩"，合称"色彩"。现代色彩学也把色彩分为两大类，即无彩色系和有彩色系。无彩色系是指黑和白，只有明度属性；有彩色系有 3 个基本特征，分别为色相、明度和纯度，在色彩学上也称它们为色彩的"三要素"或"三属性"。

（1）色相

色相指色彩的名称，这是色彩最基本的特征，是一种色彩区别于另一种色彩的最主要的因素。如紫色、绿色和黄色等代表不同的色相。观察色相要善于比较，色相近似的颜色也要区别，比较出它们之间的微妙差别。这种在相近色相中求对比的方法在写生时经常使用，如果掌握得当，能达到雅致、和谐、耐看的视觉效果。将色彩按红→黄→绿→蓝→红依次过渡渐变，即可得到一个色环，如图 1-43 所示。

图 1-43　色相环

（2）明度

明度指色彩的明暗程度。明度越高，色彩越亮；明度越低，色彩越暗。色彩的明度变化产生浓淡差别，这是绘画中用色彩塑造形体、表现空间和体积的重要因素。初学者往往容易将色彩的明度与纯度混淆，一说要使画面明亮些，就赶快调粉加白，结果明度提高了，色彩纯度却降低了，这就是由对色彩认识的片面性所致。明度差的色彩更容易调和，如紫色与黄色、暗红与草绿、暗蓝与橙色等。

（3）纯度

纯度指色彩的鲜艳程度，纯度高则色彩鲜亮；纯度低则色彩黯淡，含灰色。颜色中以三原色红、绿、蓝为最高纯度色，而接近黑、白、灰的颜色为低纯度色。凡是靠视觉能够辨认出来的，具有一定色相倾向的颜色都有一定的鲜灰度，而其纯度的高低取决于它所含中性色黑、白、灰总量的多少。

3. 图像

计算机图像可分为两种类型：位图图像和矢量图像。

知识链接

（1）位图图像

位图图像是由单个像素点组成的图像，又称为点阵图像或绘制图像，位图图像是与分辨率有关的图像，每一幅都包含着一定数量的像素，如图 1-44 所示。剪辑人员在创建位图图像时，必须制定图像的尺寸和分辨率。数字化后的视频文件也是由连续的图像组成的。

图 1-44　位图图像

（2）矢量图像

矢量图像是与分辨率无关的图像。它通过数学方程式得到，由数学对象所定义的直线和曲线组成。在矢量图像中，所有的内容都由数学定义的曲线（路径）组成，这些路径曲线放在特定位置并填充有特定的颜色。移动、缩放图像或更改图像的颜色都不会降低图像的品质，如图 1-45 所示。

图 1-45　矢量图像

矢量图像与分辨率无关，将它缩放到任意大小打印在输出设备上，都不会遗漏细节或损伤清晰度。因此，矢量图像是文字（尤其是小字）和粗图像的最佳选择，矢量图像还具有文件数据量小的特点。

Premiere Pro CC 2018 中的字幕里的图像就是矢量图像。

4. 像素

像素是构成图形的基本元素，是位图图像的最小单位。像素有三种特性：

像素与像素间有相对位置。

像素具有颜色能力，可以用 bit（位）来度量。

像素都是正方形的。像素的大小是相对的，它依赖于组成整幅图像像素的数量多少。

知识链接

5. 分辨率

（1）图像分辨率

图像分辨率是指单位图像线性尺寸中所包含的像素数目，通常以 dpi（像素／英寸）为计量单位。打印尺寸相同的两幅图像，高分辨率的图像比低分辨率的图像所包含的像素多。比如：打印尺寸为 1×1 平方英寸的图像，如果分辨率为 72dpi，包含的像素数目就为 5184（72×72=5184）；如果分辨率为 300dpi，图像中包含的像素数目则为 90000。

要确定使用的图像分辨率，应考虑图像最终发布的媒介。如果制作的图像用于计算机屏幕显示，图像分辨率只需满足典型的显示器分辨率（72 dpi 或 96 dpi）即可。如果图像用于打印输出，那么必须使用高分辨率（150dpi 或 300dpi），低分辨率的图像打印输出会出现明显的颗粒和锯齿边缘。如果原始图像的分辨率较低，由于图像中包含的原始像素的数目不能改变，因此，仅提高图像分辨率不会提高图像品质。如图 1-46 所示。

图 1-46　分辨率 50 与分辨率 300 的图像效果

（2）显示器分辨率

显示器分辨率是指显示器上每单位长度显示的像素或点的数目。通常以 dpi（点／英寸）为计量单位。显示器分辨率决定于显示器尺寸及其像素设置，PC 显示器典型的分辨率为 96dpi。在操作中，图像的像素被转换成显示器像素或点，这样，当图像的分辨率高于显示器的分辨率时，图像在屏幕上显示的尺寸比实际的打印尺寸大。例如，在 96dpi 的显示器上显示 1×1 平方英寸、192 像素／英寸的图像时，屏幕上将以 2×2 平方英寸的区域显示，如图 1-47 所示。

图 1-47　屏幕分辨率

知识链接

6. 色彩深度

视频数字化后，能否真实反映出原始图像的色彩是十分重要的。在计算机中，采用色彩深度这一概念来衡量处理色彩的能力。色彩深度指的是每个像素可显示出的色彩数，它和数字化过程中的数量化有着密切关系。因此色彩深度基本上用多少量化数，也就是多少位（bit）来表示。显然，量化比特数较高，每个像素可显示出的色彩数目越多。8 位色彩是 256 色；16 位色彩称为中（Thousands）彩色；24 位色彩称为真彩色，即百万 (Millions) 色。另外，32 位色彩对应的是百万 +(Millions+)，实际上它仍是 24 位色彩深度，剩下的 8 位为每一个像素存储不透明度信息，也叫 Alpha 通道。8 位的 Alpha 通道，意味着每个像素均有 256 个不透明度等级。

1.2 影视制作基础知识

Premiere Pro CC 2018 支持处理多种格式的素材文件，这大大丰富了素材来源，为制作精彩的影视作品提供了有利条件。制作视音频效果，首先应将准备好的素材文件导入到 Premiere Pro CC 2018 的编辑项目中，由于素材文件的种类不同，因此导入素材文件的方法也不尽相同。

1.2.1 常用图像文件格式

Premiere Pro CC 2018 所支持的图像和图像序列格式如下：

- AI/EPS（Adobe Illustrator 和 Illustrator 序列）
- BMP
- DPX
- EPS（Encapsulated PostScript 专用打印机描述语言）
- GIF（Graphics Interchange Format 图像互换格式和序列）
- ICO（仅 Windows）
- JPEG(JPE、JPG、JFIF)
- PICT
- PNG
- PSD
- PSQ
- PTL/PRTL (Adobe Premiere 字幕）
- TGA/ICB/VDA/VST
- TIF/TIFF（Tagged Image File Format 图像和序列）

1.2.2 常见影视术语

在使用 Premiere Pro CC 2018 的过程中，会涉及许多专业术语。理解这些术语的含义，了解这些术语与 Premiere Pro CC 2018 的关系，是充分掌握 Premiere Pro CC 2018 的基础。

1. 帧

构成动画的最小单位为帧（Frame），即组成动画的每一幅静态画面，一帧就是一幅静态画面。无论是电影还是电视，都是利用动画的原理使图像产生运动。动画是一种将一系列差别很小的画面以一定速率连续放映而产生出运动视觉的技术。根据人类的视觉暂留现象，连续的静态画面可以产生运动效果。

2. 帧速率

帧速率是视频中每秒包含的帧数。物体在快速运动时，人眼对于时间上每一个点的物体状态会有短暂的保留现象。例如在黑暗的房间中晃动一支发光的电筒，由于视觉暂留现象，看到的不是一个亮点沿弧线运动，而是一道道的弧线。这是由于电筒在前一个位置发出的光还短暂停留在眼睛里，而它与当前电筒的光芒融合在一起，就会组成一段弧线。由于视觉暂留的时间非常短，为 10-1 秒数量级，所以为了得到平滑连贯的运动画面，必须使画面的更新达到一定标准，即每秒钟所播放的画面要达到一定数量，这就是帧速率。PAL 制影片的帧速率是 25 帧 / 秒，NTSC 制影片的帧速率是 29.97 帧 / 秒，电影的帧速率是 24 帧 / 秒，二维动画的帧速率是 12 帧 / 秒。

3. 采集

采集是指从摄像机、录像机等视频源获取视频数据，然后通过 IEEE 1394 接口接收和翻译视频数据，将视频信号保存到计算机硬盘中的过程。

4. 源

源指视频的原始媒体或来源。通常指便携式摄像机、录像带等。配音是音频的重要来源。

5. 字幕

字幕可以是移动文字提示、标题、片头或文字标题。

6. 故事板

故事板是影片可视化的表示方式，单独的素材在故事板上被表示成图像的略图。

7. 画外音

对视频或影片的解说、讲解，通常称为画外音，经常在新闻、纪录片中使用。

8. 素材

素材是指影片中的小片段，可以是音频、视频、静态图像或标题。

9. 转场（转换、切换）

转场就是在一个场景结束到另一个场景开始之间出现的内容。通过添加转场，剪辑人员可以将单独的素材和谐地融合成一部完整的影片。

10. 流

这是一种新的 Internet 视频传输技术，它允许视频文件在下载的同时被播放。流通常被用于大的视频或音频文件。

11.NLE

NLE 是指非线性编辑。传统的在录像带上的视频编辑是线性的，因为剪辑人员必须将素材按顺序保存在录像带上；而计算机的编辑可以排成任何顺序，因此被称为非线性编辑。

12. 模拟信号

模拟信号是指非数字信号。大多数录像带使用的是模拟信号，而计算机使用的是数字信号，用 1 和 0 处理信息。

13. 数字信号

数字信号是用 1 和 0 组成的计算机数据，是相对于模拟信息的数字信息。

14. 时间码

时间码是指用数字的方法表示视频文件的一个点相对于整个视频或视频片段的位置。时间码可以用于做精确的视频编辑。

15. 渲染

渲染是将节目中所有源文件收集在一起，创建最终影片的过程。

16. 制式

所谓制式，就是指传送电视信号所采用的技术标准。基带视频是一个简单的模拟信号，由视频模拟数据和视频同步数据构成，用于接收端正确地显示图像，信号的细节取决于应用的视频标准或者制式（NTSC/PAL/SECAM）。

17. 节奏

节奏是在整体影片的感觉基础上形成的，也象征着一部影片的完整性。一部好影片的形成大多源于节奏。视频与音频紧密结合，使人们在观看影片的时候，不但有情感的波动，还要在看完一遍后对这部影片形成整体感觉，这就是节奏的魅力，它是音频与视频的完美结合。

18. 宽高比

视频标准中的第 2 个重要参数是宽高比，可以用两个整数的比来表示，也可以用小数来表示，如 4 ∶ 3 或 1.33。电影、SDTV（标清电视）和 HDTV（高清晰度电视）具有不同的宽高比，SDTV 的宽高比是 4 ∶ 3 或 1.33；HDTV 和 EDTV（扩展清晰度电视）的宽高比是 16 ∶ 9 或 1.78；电影的宽高比在早期为 1.333，现在的宽银幕的宽高比为 2.77。由于输入图像的宽高比不同，便出现了在某一宽高比屏幕上显示不同宽高比图像的问题。像素宽高比是指图像中一个像素的宽度和高度之比，帧宽高比则是指图像的一帧的宽度与高度之比。某些视频输出使用相同的帧宽高比，但使用不同的像素宽高比。例如：某些 NTSC 数字化压缩卡采用 4 ∶ 3 的帧宽高比，使用方像素（1.0像素比）及 640×480 分辨率；DV-NTSC 采用 4 ∶ 3 的帧宽高比，但使用矩形像素（0.9 像素比）及 720×486 分辨率。

1.3　文件操作

在学习 Premiere Pro CC 2018 时，必须掌握文件的基础操作，只有了解文件的基础操作，才能更好地学习 Premiere Pro CC 2018。

■ 1.3.1 新建项目

在启动 Premiere Pro CC 2018 应用程序时，都会有一个【开始】对话框出现，而不是直接创建一个 Premiere 项目，下面介绍如何在 Premiere CC 2018 中新建项目。

01 启动 Premiere Pro CC 2018 软件，在打开的【开始】对话框中单击【新建项目】按钮，如图 1-48 所示。

02 在打开的【新建项目】对话框中，单击【浏览】按钮，选择将要保存的路径，并为其命名，如图 1-49 所示。

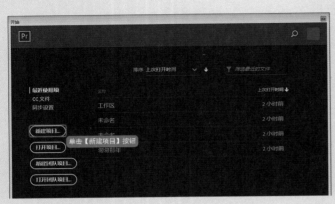

图 1-48　单击【新建项目】按钮　　　　　　　　图 1-49　选择保存位置

■ 1.3.2 新建序列

继续上一实例的操作，下面介绍如何新建序列。

01 单击【确定】按钮后，按 Ctrl+N 组合键，切换至【新建序列】对话框，在【可用预设】区域内，选择 DV-PAL 下的【标准 48kHz】预设格式作为项目文件的格式，并为其命名，单击【确定】按钮，如图 1-50 所示。

02 进入工作界面，如图 1-51 所示。

图 1-50　【新建序列】对话框　　　　　　　　图 1-51　工作界面

■ 1.3.3 新建素材箱

继续上一实例的操作，下面介绍如何新建素材箱。

01 在【项目】面板中的空白处单击鼠标右键，在弹出的快捷菜单中执行【新建素材箱】命令，如图 1-52 所示。

02 新建一个文件夹，并为其命名，如图 1-53 所示。

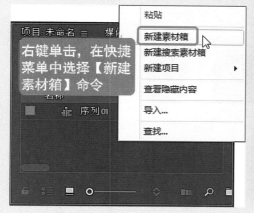
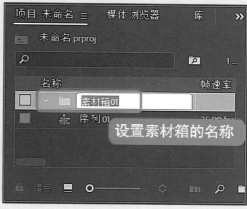

图 1-52　执行【新建素材箱】命令　　　　　　　　　　图 1-53　为素材箱命名

知识链接

【项目】面板中除了上面介绍到的按钮外，还有以下几个按钮。

【自动匹配序列】▥：单击该按钮，在打开的【自动匹配到序列】对话框中进行设置，然后单击【确定】按钮，将素材自动添加到【时间线】面板中。

【查找…】🔍：单击该按钮，打开【查找】窗口，可输入相关信息查找素材。

【新建素材箱】◻：增加一个容器文件夹，便于对素材进行存放管理。它可以重命名，在【项目】面板中，可以直接将文件拖至容器中。

【新建项】◱：单击该按钮，弹出下拉菜单，可以新建【序列】、【脱机文件】、【字幕】、【彩条】、【黑场视频】、【彩色蒙版】、【通用倒计时片头】和【透明视频】文件。

【清除】🗑：删除所选择的素材或者文件夹。

■ 1.3.4　打开项目

下面介绍如何打开项目。

01 启动 Premiere Pro CC 2018 软件，在打开的【开始】对话框中单击【打开项目】按钮，如图 1-54 所示。

图 1-54　单击【打开项目】按钮

02 在打开的【打开项目】对话框中，打开"素材 \Cha01\ 打开项目 .prproj 文"件，单击【打开】按钮，如图 1-55 所示。

图 1-55 选择要打开的项目文件

1.3.5 关闭项目

下面介绍如何关闭项目。

01 打开项目文件，执行菜单栏中的【文件】|【关闭项目】命令，如图 1-56 所示。

02 关闭项目后的界面如图 1-57 所示。

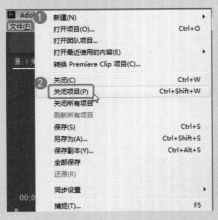

图 1-56 执行【关闭项目】命令

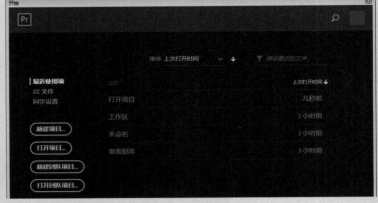

图 1-57 返回欢迎界面

1.3.6 将项目文件另存为

下面介绍如何将项目文件另存为。

01 打开项目文件，执行菜单栏中的【文件】|【另存为】命令，如图 1-58 所示。

02 在打开的【保存项目】对话框中选择需要保存的路径，并将其命名，单击【保存】按钮，如图 1-59 所示。

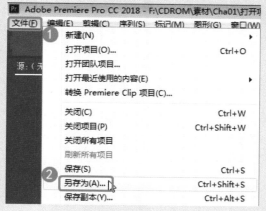

图 1-58　执行【另存为】命令

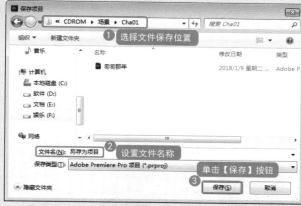

图 1-59　【保存项目】对话框

1.3.7　将项目文件保存为副本

下面介绍如何将项目文件保存为副本。

01 打开项目文件后，执行菜单栏中的【文件】|【保存副本】命令，如图 1-60 所示。

02 在打开的【保存项目】对话框中选择将要保存的路径，单击【保存】按钮，如图 1-61 所示。

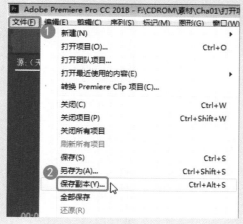

图 1-60　执行【保存副本】命令

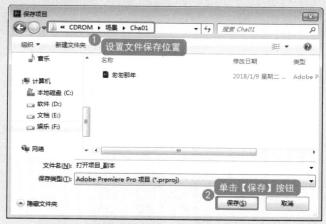

图 1-61　【保存项目】对话框

课后练习

项目练习1　素材的导入与整理

效果展示：

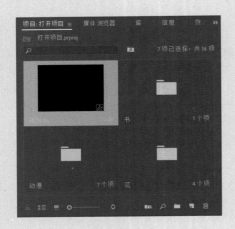

操作要领：

（1）导入素材；

（2）新建文件夹并重命名；

（3）将素材加以整理和标注。

项目练习2　设置自动保存

效果展示：

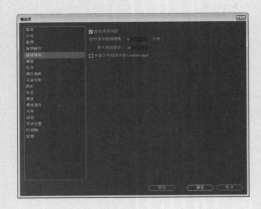

操作要领：

（1）新建项目和序列，并设置参数；

（2）执行【编辑】|【首选项】|【自动保存】命令，设置自动保存；

（3）退出并保存项目文件。

CHAPTER 02

制作多画面电视墙效果——视频剪辑操作详解

本章概述 SUMMARY

- ■ 基础知识
  - ✓ 素材的基本操作
  - ✓ 添加与设置标记
- ■ 重点知识
  - ✓ 为素材重命名
  - ✓ 裁剪素材
- ■ 提高知识
  - ✓ 对影片的基本操作
  - ✓ 素材的重命名及设置素材速度／持续时间

剪辑视频对于普通家庭来说不再是遥不可及的梦想。拍一段喜欢的视频，进行相应的剪辑，比如剪切片段、合并、加上文字注解等，分享给朋友或上传到的视频网站，体验一下自编自导的感觉。本章将对影视剪辑的一些必备理论和剪辑语言进行详细的介绍。

◎ 为素材重命名

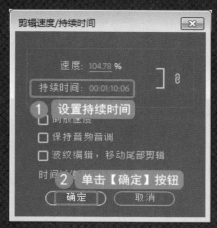

◎ 设置素材速度／持续时间

【入门必练】多画面电视墙效果

下面将介绍如何在 Premiere Pro 中制作多画面电视墙效果，本案例主要通过为素材文件添加【棋盘】效果、【网格】效果使素材文件产生多面效果。如图 2-1 所示。

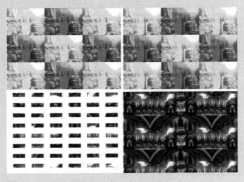

图 2-1　多画面电视墙效果

01 新建项目文档和 DV-PAL 下的【标准 48kHz】序列，导入"多画面电视墙效果 1.AVI"和"多画面电视墙效果 2.WMV"素材文件，将"多画面电视墙效果 1.AVI"文件拖曳至【时间线】面板 V1 轨道中，为其添加【复制】特效，并将【计数】设置为 3，如图 2-2 所示。

图 2-2　设置特效参数

02 为其添加【棋盘】特效，将当前时间设置为 00:00:00:00，在【效果控件】面板中将【大小依据】设置为【边角点】，将【锚点】设置为 240、192，将【边角】设置为 480、384，将【混合模式】设置为【叠加】，如图 2-3 所示。

图 2-3　设置特效参数

03 将当前时间设置为 00:00:02:06，将"多画面电视墙效果 2.WMV"素材文件拖曳至 V2 轨道中，与时间线对齐，如图 2-4 所示。

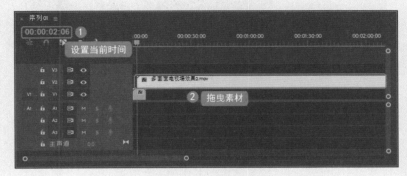

图 2-4 添加素材文件

04 选中轨道中的"多画面电视墙效果 2.WMV"文件，为其添加【复制】和【棋盘】特效，将【计数】设置为 3，将【大小依据】设置为【边角点】，将【锚点】设置为 240、192，将【边角】设置为 479.6、384，将【混合模式】设置为【色相】，如图 2-5 所示。

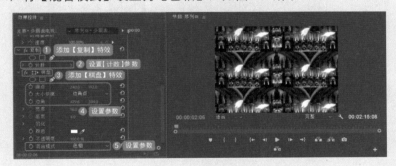

图 2-5 设置参数

05 为"多画面电视墙效果 02.avi"添加【网格】特效，打开【效果控件】面板，设置【网格】区域下的【边框】为 60，单击其左侧的【切换动画】按钮，将【混合模式】设置为【正常】，如图 2-6 所示。

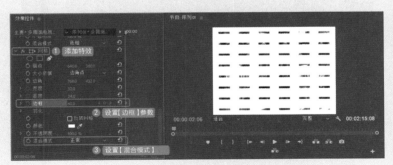

图 2-6 设置参数

06 将当前时间设置为 00:00:03:16，单击【棋盘】中【锚点】、【边角】、【混合模式】左侧的【切换动画】按钮，将【网格】选项组中的【边框】设置为 0.0，如图 2-7 所示。

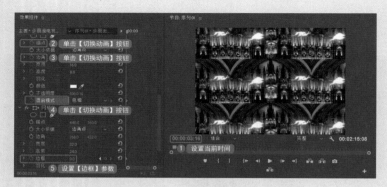

图 2-7　设置关键帧参数

07 将当前时间设置为 00:00:05:22，将【棋盘】中【锚点】设置为 479、192，将【边角】设置为 719、384，将【混合模式】设置为【模板 Alpha】，如图 2-8 所示。

图 2-8　设置【棋盘】参数

08 将当前时间设置为 00:00:05:03，在【工具】面板中选择【剃刀工具】 ，剪切素材文件。在 "多画面电视墙效果 1.AVI" 和 "多画面电视墙效果 2.WMV" 文件的时间线处单击，将剪切的素材后半部分删除，如图 2-9 所示。最后导出视频即可。

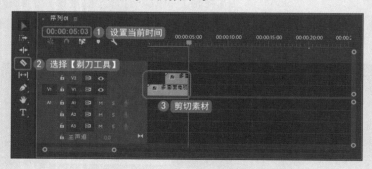

图 2-9　将剪切的素材后半部分删除

2.1　素材的基本操作

在 Premiere 中，监视器窗口用于观看素材和完成的影片，本节将进行简单介绍。

■ 2.1.1　在【项目】面板中为素材重命名

下面介绍如何在【项目】面板中为素材重命名，具体操作步骤如下。

01 在【项目】面板中空白处双击，打开【导入】对话框，选择"CDROM\ 素材 \Cha02\001.mov"文件，单击【打开】按钮，如图 2-10 所示。

02 将选中的素材添加到【项目】面板中，如图 2-11 所示。

图 2-10　选择要导入的素材文件　　　　图 2-11　将选中的素材文件添加到【项目】面板中

03 确认该素材文件处于选中状态，在菜单栏中执行【剪辑】|【重命名】命令，如图 2-12 所示。

04 在【项目】面板中对该素材文件进行重命名，如图 2-13 所示。

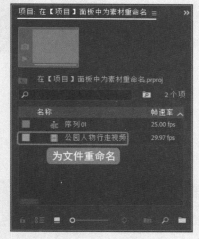

图 2-12　执行【重命名】命令　　　　　　图 2-13　对素材文件重命名

■ 2.1.2　在【序列】面板中为素材重命名

下面介绍如何在【序列】面板中为素材重命名，具体操作步骤如下。

01 继续上面的操作，在【项目】面板中选择添加的视频文件，按住鼠标将其拖曳至【序列】面板中，如图 2-14 所示。在打开的【剪辑不匹配警告】对话框中单击【保持现有设置】按钮即可。

02 确认该对象处于选中状态，在菜单栏中执行【剪辑】|【重命名】命令，如图 2-15 所示。

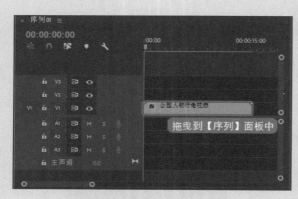

图 2-14 将视频拖曳至【序列】面板中

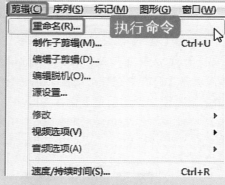

图 2-15 执行【重命名】命令

03 打开【重命名剪辑】对话框,在【剪辑名称】文本框中输入"视频",单击【确定】按钮,如图 2-16 所示。

04 执行该操作后,即可为其重命名,如图 2-17 所示。

图 2-16 重命名素材

图 2-17 重命名后的效果

■ 2.1.3 制作子剪辑

下面介绍如何制作子剪辑,具体操作步骤如下。

01 继续上面的操作,在【序列】面板中选中该素材文件,如图 2-18 所示。

02 确认该对象处于选中状态,在菜单栏中执行【剪辑】|【制作子剪辑】命令,如图 2-19 所示。

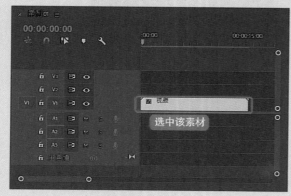

图 2-18 选中素材文件

图 2-19 执行【制作子剪辑】命令

03 在打开的【制作子剪辑】对话框中使用其默认的名称，单击【确定】按钮，如图 2-20 所示。

04 执行该操作后，即可制作一个子剪辑，如图 2-21 所示。

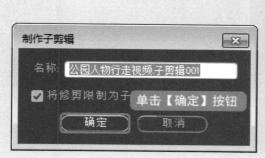

图 2-20 【制作子剪辑】对话框

图 2-21 制作的子剪辑

■ 2.1.4 编辑子剪辑

制作完子剪辑后，用户可以根据需要对其进行编辑。下面介绍如何编辑子剪辑，具体操作步骤如下。

01 继续上面的操作，在【项目】面板中选中制作的子剪辑，如图 2-22 所示。

02 确认该对象处于选中状态，在菜单栏中执行【剪辑】|【编辑子剪辑】命令，如图 2-23 所示。

图 2-22 选择制作的子剪辑

图 2-23 执行【编辑子剪辑】命令

03 在打开的【编辑子剪辑】对话框中将【子剪辑】选项组中的【开始】设置为 00:00:05:02，单击【确定】按钮，如图 2-24 所示。

04 将当前时间设置为 00:00:15:10，按住鼠标将其拖曳到【序列】面板中，并与编辑标识线对齐，如图 2-25 所示。

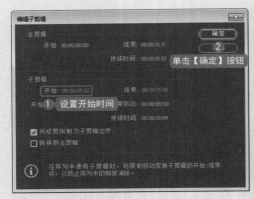
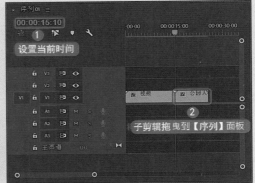

图 2-24　设置开始时间　　　　　　　　图 2-25　将子剪辑拖曳到【序列】面板

05　继续选中该对象，在【效果控件】面板中将【缩放】设置为 110，如图 2-26 所示。

06　按空格键预览效果，即可发现子剪辑的开始时间发生了变化，如图 2-27 所示。

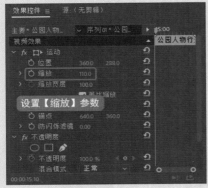

图 2-26　设置【缩放】参数　　　　　　　　图 2-27　预览效果

2.1.5　禁用素材

在 Premiere 中，为了更好地观察不同的视频效果，用户可以根据需要禁用不必要的视频文件，下面将对其进行介绍，具体操作步骤如下。

01　继续上面的操作，选择 V1 轨道中的子剪辑对象，如图 2-28 所示。

02　在菜单栏中执行【剪辑】|【启用】命令，如图 2-29 所示。

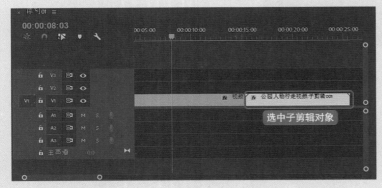

图 2-28　选择子剪辑对象　　　　　　　　图 2-29　执行【启用】命令

03 执行该操作后，即可将所选中的视频禁用，如图 2-30 所示。

04 当用户按空格键进行播放时，即可发现 V1 中的视频不再播放，效果如图 2-31 所示。

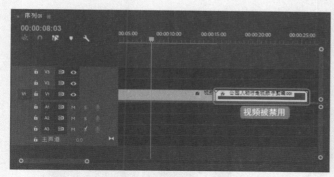

图 2-30　禁用视频

图 2-31　调整后的效果

2.1.6　设置素材速度 / 持续时间

素材的持续时间严格来说就是素材播放的时长，在 Premiere 中，用户可以根据需要设置素材速度 / 持续时间，下面对其进行介绍，具体操作步骤如下。

01 在【项目】面板中空白处双击，打开【导入】对话框，选择"素材 \Cha02\002.mp4"文件，单击【打开】按钮，如图 2-32 所示。

02 将选中的素材添加到【项目】面板中，如图 2-33 所示。

图 2-32　导入素材文件

图 2-33　将素材添加到【项目】面板中

03 按住鼠标将其拖曳至【时间轴】面板中，如图 2-34 所示。

04 即可在【节目】面板中显示效果，如图 2-35 所示。

图 2-34　将素材拖曳到【时间轴】面板中

图 2-35　显示效果

05 确认该对象处于选中状态,单击鼠标右键,在弹出的快捷菜单中执行【速度/持续时间】命令,如图 2-36 所示。

06 在打开的【剪辑速度/持续时间】对话框中将持续时间设置为 00:01:10:06,单击【确定】按钮,如图 2-37 所示。

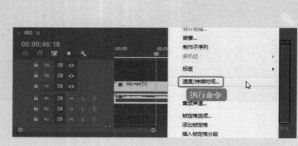

图 2-36 执行【速度/持续时间】命令

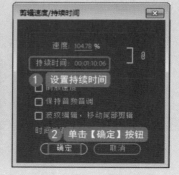

图 2-37 设置持续时间

2.2 添加与设置标记

本节将主要介绍 Premiere Pro CC 2018 软件中的添加与设置标记,添加与设置标记可以帮助用户在序列中对齐素材或进行切换,还可以快速寻找目标。

2.2.1 标记出入点

在源监视器窗口中,标记出入点,就定义了操作的区域,将【项目】面板中的素材文件拖曳到视频轨道中,此时单击【播放】按钮即可播放标记区域内的视频内容。具体操作步骤如下。

01 新建项目,将【序列】设置为 DV-PAL|【标准 48kHz】,在【项目】面板的空白处双击,在打开的【导入】对话框中选择"CDROM\ 素材 \Cha02\ 雪山自然风景 .mp4"文件,单击【打开】按钮即可导入素材文件,如图 2-38 所示。

02 在【项目】面板中双击"雪山自然风景 .mp4"素材文件,将其在源监视器窗口中打开,如图 2-39 所示。

图 2-38 选择素材文件

图 2-39 导入到源监视器窗口中

03 将当前时间设置为 00:00:01:18,单击【标记入点】按钮,再将当前时间设置为 00:00:04:13,

单击【标记出点】按钮 ，如图 2-40 所示。

04 将【项目】面板中的"雪山自然风景 .mp4"素材文件拖曳到视频轨道 V1 中，如图 2-41 所示。在打开的对话框中单击【保持现有设置】按钮。

图 2-40 添加标记出入点

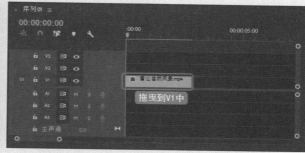

图 2-41 拖曳素材文件

05 按空格键，即可在【节目】面板中预览效果，如图 2-42 所示。

图 2-42 预览效果

■ 2.2.2 转到入点

在源监视器窗口中单击【转到入点】按钮 ，可以找到入点。具体操作步骤如下。

01 新建项目，将【序列】设置为 DV-PAL|【标准 48kHz】，在【项目】面板的空白处双击，在打开的【导入】对话框中选择"CDROM\ 素材 \Cha02\ 水墨画风景 .mov"文件，单击【打开】按钮即可导入素材文件，如图 2-43 所示。

图 2-43 选择素材文件

02 在【项目】面板中双击"水墨画风景.mov"素材文件，将其在源监视器窗口中打开，如图 2-44 所示。

03 将当前时间设置为 00:00:01:19，单击【标记入点】按钮 ，再将当前时间设置为 00:00:04:21，单击【标记出点】按钮 ，如图 2-45 所示。

图 2-44 导入到源监视器窗口中

图 2-45 添加标记出入点

04 在菜单栏中执行【标记】|【转到入点】命令，如图 2-46 所示。

05 执行该命令后即可看到 按钮跳转到入点位置，如图 2-47 所示。

图 2-46 执行【转到入点】命令

图 2-47 执行命令后的效果

2.2.3 转到出点

在源监视器窗口中单击【转到出点】按钮 ，可以找到出点。具体操作步骤如下。

01 继续上一个案例的操作，在菜单栏中执行【标记】|【转到出点】命令，如图 2-48 所示。

02 执行该命令后即可看到 按钮跳转到出点位置，如图 2-49 所示。

图 2-48 执行【转到出点】命令

图 2-49 执行命令后的效果

2.2.4　清除出点和入点

如果要清除出、入点，可直接在时间轴上单击鼠标右键，在弹出的快捷菜单中执行【清除入点和出点】命令。具体操作步骤如下。

01 新建项目，将【序列】设置为 DV-PAL|【标准 48kHz】，在【项目】面板的空白处双击，在打开的【导入】对话框中选择 "CDROM\ 素材 \Cha02\ 野外风景 .mp4" 文件，单击【打开】按钮即可导入素材文件，如图 2-50 所示。

02 在【项目】面板中双击 "野外风景 .mp4" 素材文件，将其在源监视器窗口中打开，如图 2-51 所示。

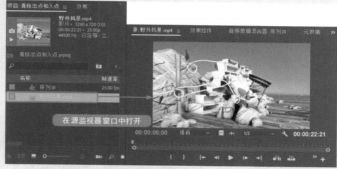

图 2-50　选择素材文件　　　　　　　　　　　　　　图 2-51　导入到源监视器窗口中

03 将当前时间设置为 00:00:03:15，单击【标记入点】按钮，再将当前时间设置为 00:00:16:22，单击【标记出点】按钮，如图 2-52 所示。

04 在菜单栏中执行【标记】|【清除入点和出点】命令，如图 2-53 所示。

05 执行该命令后将出、入点清除，如图 2-54 所示。

图 2-52　添加标记出入点　　　　　　图 2-53　执行【清除入点和出点】命令　　　　　图 2-54　清除出、入点后的效果

2.2.5　清除所选的标记

如果要清除所选的标记，可直接在时间轴上单击鼠标右键，在弹出的快捷菜单中执行【清除所选标记】命令。具体操作步骤如下。

01 新建项目，将【序列】设置为 DV-PAL|【标准 48kHz】，在【项目】面板的空白处双击，在打开的【导入】对话框中选择 "CDROM\ 素材 \Cha02\ 水墨画荷花 .mov" 文件，单击【打开】按钮即可导入素材文件，如图 2-55 所示。

02 在【项目】面板中双击 "水墨画荷花 .mov" 素材文件，将其在源监视器窗口中打开，如图 2-56 所示。

图 2-55　选择素材文件

图 2-56　导入到源监视器窗口中

03 将当前时间设置为 00:00:02:16，单击【标记入点】按钮 ，再将当前时间设置为 00:00:06:12，单击【标记出点】按钮 ，如图 2-57 所示。

04 将当前时间设置为 00:00:03:10，在菜单栏中执行【标记】|【添加标记】命令，如图 2-58 所示。

图 2-57　添加出、入点

图 2-58　执行【添加标记】命令

05 执行命令后的效果如图 2-59 所示。

06 再次在时间 00:00:03:22、00:00:04:22、00:00:05:21 处添加标记，如图 2-60 所示。

图 2-59　执行命令后的效果

图 2-60　添加其他的标记

07 将当前时间设置为 00:00:03:10，在菜单栏中执行【标记】|【清除所选标记】命令，如图 2-61 所示。

08 在源监视器窗口中可看到清除后的效果，如图 2-62 所示。

图 2-61　执行【清除所选标记】命令　　　　　　　　　图 2-62　清除后的效果

■ 2.2.6　清除所有标记

如果要清除所有标记，可直接在时间轴上单击鼠标右键，在弹出的快捷菜单中执行【清除所有标记】命令。具体操作步骤如下。

01 打开"素材 \Cha03\ 清除所有标记 .prproj"文件，双击"清除所有标记 .prproj"素材文件，将其在源监视器窗口中打开，如图 2-63 所示。

02 在菜单栏中执行【标记】|【清除所有标记】命令，如图 2-64 所示。

03 在源监视器窗口中可看到清除后的效果，如图 2-65 所示。

图 2-63　在源监视器窗口中打开　　　图 2-64　执行【清除所有标记】命令　　　图 2-65　清除后的效果

2.3　裁剪素材

本节将介绍如何使用【选择工具】、【波纹编辑工具】、【滚动编辑工具】、【剃刀工具】裁剪素材，以使素材达到更完美的效果。

■ 2.3.1　使用【选择工具】

下面介绍如何使用【选择工具】裁剪素材，具体操作步骤如下。

01 新建项目，在【项目】面板的空白处双击，打开【导入】对话框，选择"素材 \Cha02\ 水墨画山水 .mov"文件，单击【打开】按钮，如图 2-66 所示。

02 将选中的素材添加到【项目】面板中，如图 2-67 所示。

图 2-66　选择素材文件　　　　　　图 2-67　将素材添加到【项目】面板中

03 按住鼠标将其拖曳至【序列】面板中并选中该对象，如图 2-68 所示。

04 将【选择工具】放在要缩短或拉长的素材边缘上，【选择工具】变成缩短光标◄┃，拖动鼠标以缩短或拉长该素材，如图 2-69 所示。

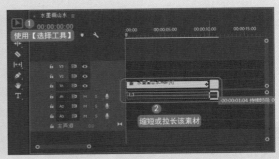

图 2-68　拖曳素材文件　　　　　　图 2-69　裁剪素材

2.3.2　使用【波纹编辑工具】

使用【波纹编辑工具】拖动对象的出点可改变对象长度。下面介绍如何使用【波纹编辑工具】调整对象，具体操作步骤如下。

01 新建项目，将【序列】设置为 DV-PAL|【标准 48kHz】，双击【项目】面板，在打开的【导入】对话框中选择 "CDROM\ 素材 \Cha02\ 山水画 .mov" 文件，单击【打开】按钮，如图 2-70 所示。

02 在【项目】面板中显示，然后按住鼠标左键将其拖曳至【序列】面板中，在打开的【剪辑不匹配警告】对话框中单击【保持现有设置】按钮，如图 2-71 所示。

图 2-70　选择素材文件　　　　　　图 2-71　【剪辑不匹配警告】对话框

03 选择【波纹编辑工具】 ![] ，在【序列】面板中选择添加的对象，如图 2-72 所示。

04 将鼠标指针移至素材的结尾处，当光标变为 时，按住鼠标进行拖动，释放鼠标，完成对素材的调整，如图 2-73 所示。

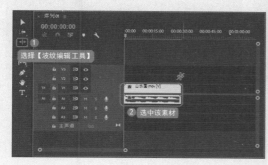

图 2-72　选择添加的对象

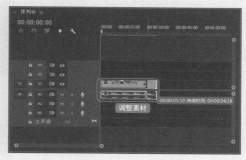

图 2-73　调整素材

2.3.3　使用【滚动编辑工具】

下面介绍如何使用【滚动编辑工具】来调整对象，具体操作步骤如下。

01 新建项目，将【序列】设置为 DV-PAL|【标准 48kHz】，双击【项目】面板，在打开的【导入】对话框中选择 "CDROM\ 素材 \Cha02\ 蝴蝶花瓣 .mov" 文件，并将其拖曳至【序列】面板中，在打开的对话框中单击【保持现有设置】按钮，选择【滚动编辑工具】 ![] ，在【序列】面板中选择添加的对象，如图 2-74 所示。

02 将鼠标指针移至素材的结尾处，当光标变为 时，按住鼠标进行拖动，释放鼠标，完成对素材的调整，如图 2-75 所示。

图 2-74　选择添加的对象

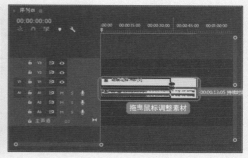

图 2-75　调整素材

2.3.4　使用【剃刀工具】

当用户使用【剃刀工具】切割一个素材时，实际上是建立了该素材的两个副本。用户可以在编辑标识线中锁定轨道，保证在一个轨道上进行编辑时，其他轨道上的素材不被影响。下面介绍如何使用【剃刀工具】，具体操作步骤如下。

01 新建项目和序列，导入 "CDROM\ 素材 \Cha02\ 桃林 .mp4" 文件，并将其拖曳至【序列】面板中，选择【剃刀工具】 ![] ，将鼠标移指针至如图 2-76 所示的位置上。

02 单击鼠标，完成对素材的切割，如图 2-77 所示。

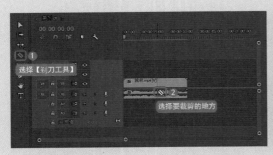

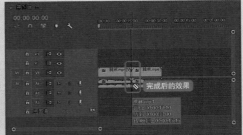

图 2-76 使用【剃刀工具】　　　　　　　　　　　　图 2-77 切割对象

2.4　编辑素材

在 Premiere Pro 中，可以将一个素材文件插入到另一个素材文件中，也可以将视频和音频文件链接到一起。

2.4.1　添加安全框

安全区域的产生是由于电视机在播放视频图像时，屏幕的边会切除部分图像，下面介绍如何添加安全框，具体操作步骤如下。

01 新建项目和序列，在【项目】面板的空白处双击，打开【导入】对话框，选择"素材\Cha02\ 花 .mp4"文件，单击【打开】按钮，如图 2-78 所示。

02 即可将选中的素材添加到【项目】面板中，如图 2-79 所示。

图 2-78　选择素材文件　　　　　　　　　　　图 2-79　将素材添加到【项目】面板中

03 按住鼠标将其拖曳至【序列】面板中，如图 2-80 所示。在打开的对话框中单击【保持现有设置】按钮。

04 【节目】面板中的效果如图 2-81 所示。

图 2-80　将视频拖曳至【序列】面板中　　　　　　图 2-81　播放效果

05 在节目监视器窗口中单击【按钮编辑器】按钮➕，如图 2-82 所示。

06 在打开的界面中单击【安全边框】按钮▣，按住鼠标将其拖曳至如图 2-83 所示的位置，释放鼠标，单击【确定】按钮。

图 2-82 单击【按钮编辑器】按钮

图 2-83 添加安全框

07 添加后的效果如图 2-84 所示。

08 单击【安全边框】按钮▣，即可应用安全框，如图 2-85 所示。

图 2-84 添加后的效果

图 2-85 应用安全框

2.4.2 插入编辑

使用【插入】按钮▣对影片进行修改插入时，只会插入目标轨道中选定范围内的素材片段，对其前、后的素材以及其他轨道上素材的位置都不会产生影响。下面介绍如何插入编辑，具体操作步骤如下。

01 新建项目和序列。在【项目】面板的空白处双击，打开【导入】对话框，选择"CDROM\ 素材 \Cha02\ 蓝天白云 .mp4"文件，按住鼠标将其拖曳至【序列】面板中，如图 2-86 所示。在打开的对话框中单击【保持现有设置】按钮。

02 将当前时间设置为 00:00:15:00，在节目监视器窗口中单击【标记入点】按钮▮，为其添加入点，如图 2-87 所示。

图 2-86 拖曳素材文件

图 2-87 添加标记入点

03 将当前时间设置为 00:00:50:01，如图 2-88 所示。

04 在节目监视器窗口中单击【标记出点】按钮，为其标记出点，如图 2-89 所示。

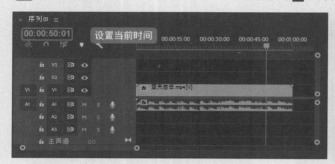 

图 2-88　设置当前时间　　　　　　　图 2-89　添加标记出点

05 在节目监视器窗口中单击【插入】按钮，如图 2-90 所示。

06 执行该操作后，即可在标记的位置继续插入相同的内容，如图 2-91 所示。

 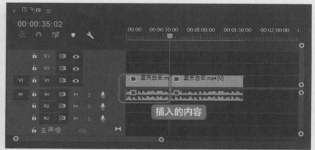

图 2-90　单击【插入】按钮　　　　　　图 2-91　插入内容

2.4.3　覆盖编辑

下面介绍如何覆盖编辑，具体操作步骤如下。

01 继续上面的操作，将当前时间设置为 00:00:45:00，如图 2-92 所示。

02 按 Ctrl+I 组合键，导入"素材\Cha02\水墨荷花.mov"文件，在【项目】面板中双击"水墨荷花.mov"素材文件，在源监视器窗口中将当前时间设置为 00:00:08:20，如图 2-93 所示。

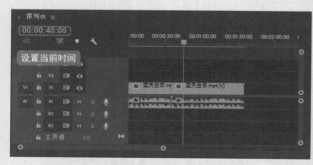  

图 2-92　设置当前时间　　　　　　　图 2-93　设置当前时间

03 在源监视器窗口中单击【标记出点】按钮 ，为其标记出点，如图 2-94 所示。

04 在源监视器窗口中单击【覆盖】按钮 ，如图 2-95 所示。

图 2-94　添加标记出点　　　　　　　　　　图 2-95　覆盖素材

05 将其覆盖到【序列】面板中，如图 2-96 所示。

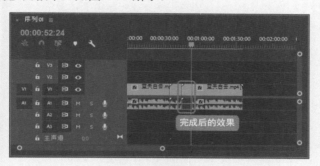

图 2-96　完成后的效果

■ 2.4.4　解除视音频的链接

在编辑工作中，经常需要将编辑标识线窗口中的视音频链接素材的视频和音频部分分离，下面介绍如何解除视音频的链接，具体操作步骤如下。

01 启动软件后，打开"素材\Cha02\解除视音频的链接.prproj"文件，在【序列】面板中选中该素材，如图 2-97 所示。

02 在该对象上单击鼠标右键，在弹出的快捷菜单中执行【取消链接】命令，如图 2-98 所示。

图 2-97　选择素材文件　　　　　　　　　　图 2-98　执行【取消链接】命令

03 执行该操作后，即可将选中的对象取消视音频的链接，效果如图 2-99 所示。

图 2-99　完成后的效果

2.5　Premiere 中的编组

　　在编辑工作中，经常需要对多个素材整体进行操作。这时使用【编组】命令，可以将多个片段组合为一个整体来进行移动、复制等操作。

■ 2.5.1　编组素材

　　下面介绍如何对素材进行编组，具体操作步骤如下。

01 新建项目，按 Ctrl+N 组合键，新建 DV-PAL|【标准 48kHz】序列文件，在【项目】面板的空白处双击，打开【导入】对话框，选择"素材 \Cha02\ 山水 .mov""素材 \cha02\ 风景画 .mov"文件，单击【打开】按钮，如图 2-100 所示。

02 将选中的素材添加到【项目】面板中，如图 2-101 所示。

图 2-100　选择素材文件

图 2-101　添加到【项目】面板

03 选择"山水 .mov"素材文件，按住鼠标将其拖曳至【序列】面板中，打开【剪辑不匹配警告】对话框，单击【保持现有设置】按钮，在【效果控件】面板中将【缩放】设置为 135，如图 2-102 所示。

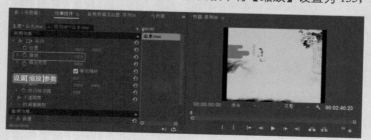

图 2-102　设置【缩放】参数

04 选择"风景画.mov"素材文件,将其与"山水.mov"素材文件首尾相连,在【效果控件】面板中将【缩放】设置为62,如图2-103所示。

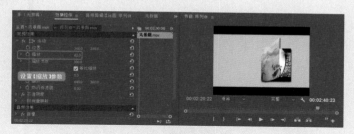

图2-103　设置【缩放】参数

05 在【序列】面板中,按住Shift键同时选中两个对象,如图2-104所示。

06 在选中的对象上单击鼠标右键,在弹出的快捷菜单中执行【编组】命令,如图2-105所示。执行该操作后,即可将选中的两个对象进行编组。

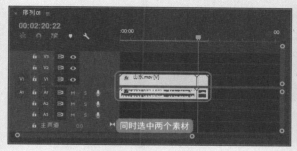

图2-104　选择对象

图2-105　执行【编组】命令

2.5.2　取消编组

下面介绍如何对素材取消编组,具体操作步骤如下。

01 继续上面的操作,在【序列】面板中选择素材,如图2-106所示。

02 在选中的对象上单击鼠标右键,在弹出的快捷菜单中执行【取消编组】命令,如图2-107所示。执行该操作后,即可将选中的对象取消编组。

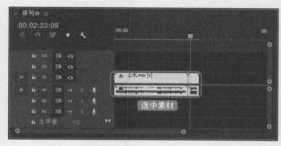

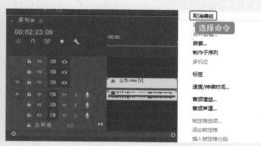

图2-106　选择对象

图2-107　执行【取消编组】命令

课后练习

项目练习 HD 彩条

效果展示：

操作要领：

（1）在【项目】面板中单击鼠标右键，在弹出的快捷菜单中执行【新建项目】|【HD 彩条】命令；

（2）在打开的【新建 HD 彩条】对话框中设置参数；

（3）单击【确定】按钮，即可新建一个 HD 彩条。

CHAPTER 03

制作动态旋转字幕——字幕设计详解

本章概述 SUMMARY

■ 基础知识
- ✓ 字幕的创建
- ✓ 认识字幕设计面板

■ 重点知识
- ✓ 为字幕添加艺术效果
- ✓ 设置文字属性

■ 提高知识
- ✓ 应用与创建字幕样式效果
- ✓ 建立图形并进行编辑

一般在一个完整的影视节目中，字幕和声音一样，都是必不可少的。字幕可帮助影片更全面地展现其信息内容，起到解释画面、补充内容等作用。字幕的设计主要包括添加字幕、提示文字、标题文字等信息表现元素。本章主要介绍如何通过字幕编辑器中提供的各种文字编辑、属性设置以及绘图功能进行字幕的编辑。

◎ 通过【文字工具】创建新版字幕　　◎ 使用软件自带的字幕模板

【入门必练】制作动态旋转字幕

动态旋转字幕重在使文字按照设计者的意愿设计文字的旋转角度与速度。本案例中设计的动态旋转字幕，从美观且与背景融合的角度出发，注重体现对动态旋转字幕的可控性特点，如图 3-1 所示。

图 3-1　动态旋转字幕

01 新建项目文件和 DV-24P 选项组下的【标准 48kHz】序列文件，在【项目】面板的空白处双击，在打开的对话框中导入 "CDROM\ 素材 \Cha03\ 动态旋转背景 .jpg" 文件，如图 3-2 所示。

02 选择【项目】面板中的 "动态旋转背景 .jpg" 素材文件，将其拖曳至 V1 视频轨道中，选择添加的素材文件，切换至【效果控件】面板，将【运动】选项组下的【缩放】设置为 70，如图 3-3 所示。

图 3-2　导入素材文件

图 3-3　设置【缩放】参数

03 在菜单栏中执行【文件】|【新建】|【旧版标题】命令，新建字幕，使用默认设置，单击【确定】按钮，进入到字幕编辑器中，使用【垂直文本工具】输入文字 "枫林如火"，选中文字，将【字体系列】设置为汉仪秀英体简，将【字体大小】设置为 60，将【字偶间距】设置为 30，将【填充】选项组下的【颜色】RGB 设置为 223、13、48，在【变换】选项组下将【X 位置】、【Y 位置】分别设置为 317、258，如图 3-4 所示。

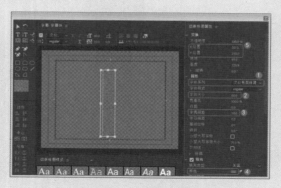

图 3-4　设置字幕

04 关闭字幕窗口，在【项目】面板中将"字幕01"拖曳至V2视频轨道中，使其结尾位置与V1视频轨道中的素材结尾位置对齐，并选中"字幕01"，将当前时间设置为00:00:00:00，切换至【效果控件】面板，将【运动】选项组下的【缩放】设置为0，将【旋转】设置为0，单击【缩放】、【旋转】左侧的【切换动画】按钮 ，如图3-5所示。

图3-5 设置素材参数

05 将当前时间设置为00:00:01:00，在【效果控件】面板中将【运动】选项组下的【缩放】设置为50，将【旋转】设置为180°，如图3-6所示。

图3-6 设置素材参数

06 将当前时间设置为00:00:02:12，在【效果控件】面板中将【运动】选项组下的【缩放】设置为100，将【旋转】设置为1x0°，如图3-7所示。

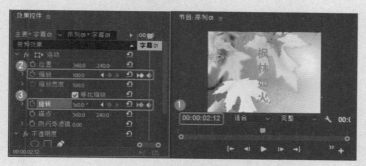

图3-7 设置素材参数

07 按Ctrl+M组合键，打开【导出设置】对话框，单击【输出名称】右侧的蓝色文字，并设置导出格式，设置导出文件的【保存类型】和【文件名】，单击【保存】按钮，返回到【导出设置】对话框，单击【导出】按钮，即可将视频导出，如图3-8所示。

图 3-8　导出视频

3.1　创建字幕

　　在 Premiere Pro CC 2018 中，字幕是一个独立的文件，如同【项目】面板中的其他片段一样，只有把字幕文件加入到【序列】面板视频轨道中才能真正地成为影视节目的一部分。

■ 3.1.1　通过【文字工具】创建新版字幕

　　新版本对字幕的编辑操作更加方便：可在【工具】面板中选择【文字工具】，直接在项目中单击添加字幕，并通过【效果控件】面板进行相应的设置，得到想要的效果，如图 3-9 所示。

01 运行 Premiere Pro CC 2018 软件，在弹出的界面中单击【新建项目】按钮，在打开的【新建项目】对话框中指定保存路径及名称，单击【确定】按钮，如图 3-10 所示。

图 3-9　通过【文字工具】创建新版字幕　　　图 3-10　指定保存路径及名称

02 按 Ctrl+N 组合键，在打开的对话框中选择【设置】选项卡，将【编辑模式】设置为【自定义】，将【时基】设置为【23.976 帧 / 秒】，将【帧大小】设置为 390，将【水平】设置为 480，将【像素长宽比】设置为 D1/DV NTSC（0.9091），单击【确定】按钮，如图 3-11 所示。

03 在【项目】面板中双击，在打开的【导入】对话框中选择 001.jpg 素材文件，单击【打开】按钮，如图 3-12 所示。

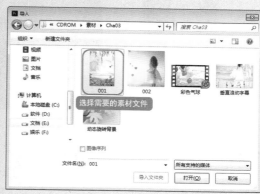

图 3-11 设置序列　　　　　　　　　　　图 3-12 选择素材文件

04 在【项目】面板中选择添加的素材文件，按住鼠标将其拖曳至 V1 轨道中，选中该轨道中的素材文件，在【效果控件】面板中将【缩放】设置为 10，如图 3-13 所示。

05 在【工具】面板中单击【文字工具】按钮，在【节目】面板中输入文本"约惠春天"，在【效果控件】面板中展开【文本】选项组，将【字体】设置为 FZKangTi-S07S，【字体大小】设置为 50，【填充颜色】设置为 93、255、192，勾选【描边】复选框，将【描边颜色】设置为 15、195、155，将【描边宽度】设置为 5，在【变换】选项组中将【位置】设置为 167.5、176，如图 3-14 所示。

图 3-13 设置【缩放】参数　　　　　　　　图 3-14 设置文本参数

3.1.2 使用软件自带的字幕模板

本例主要讲解如何利用字幕编辑器中自带的字幕样式。通过对文字添加字幕样式可以很大程度地节省时间，提高工作效率，如图 3-15 所示。

01 运行 Premiere Pro CC 2018 软件，新建项目文件，按 Ctrl+N 组合键，在打开的对话框中选择【设置】选项卡，将【编辑模式】设置为【自定义】，将【时基】设置为【23.976 帧 / 秒】，将【帧大小】设置为 520，将【水平】设置为 480，将【像素长宽比】设置为 D1/DV NTSC（0.9091），单击【确定】按钮，在【项目】面板中双击，选择随书附带光盘中的 002.jpg 素材文件，将素材导入后，将导入的素材拖曳至 V1 轨道中，选中该素材文件，在【效果控件】面板中将【缩放】设置为 47，如图 3-16 所示。

图 3-15 使用软件自带的字幕模板   图 3-16 设置【缩放】参数

02 在菜单栏中执行【文件】|【新建】|【旧版标题】命令,在打开的【新建字幕】对话框中使用默认命名,单击【确定】按钮,如图 3-17 所示。

03 进入字幕窗口,使用【垂直文本工具】**IT** 输入文本"悠悠我心"。选中"悠悠我心",在下方字幕样式面板中选择 Arial Black blue gradient 样式,将【字体系列】设置为汉仪秀英体简,将【字体大小】设置为 70,将【字偶间距】设置为 23,将【X 位置】和【Y 位置】分别设置为 164.3、249.2,如图 3-18 所示。

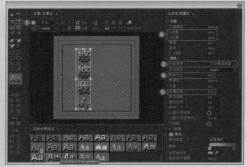

图 3-17 【新建字幕】对话框   图 3-18 设置文本样式

04 设置完成后关闭该窗口,在【项目】面板中将"字幕 01"拖曳至 V2 轨道中,将"字幕 01"的结尾处与 V1 轨道中 002.jpg 素材文件的结尾处对齐,在【节目】面板中查看效果,如图 3-19 所示。

图 3-19 查看效果

知识链接

【工具】面板中各工具的功能如下。

①【选择工具】▶：该工具可用于选择一个物体或文字块。按住 Shift 键使用【选择工具】可选择多个物体，直接拖动对象句柄可改变对象区域和大小。对于 Bezier 曲线物体来说，还可以使用【选择工具】编辑节点。

②【输入工具】🇹：该工具可以建立并编辑文字。

③【区域文字工具】▦：该工具可以用于建立段落文本。段落文本工具与普通文字工具的不同在于，它建立文本时，首先要限定一个范围框，调整文本属性，而范围框不会受到影响。

④【路径文字工具】◁：该工具可以建立一段沿路径排列的文本。

⑤【钢笔工具】✒：该工具可以创建复杂的曲线。

⑥【添加定位点工具】▶：该工具可以在线段上增加控制点。

⑦【矩形工具】▭：该工具可以绘制一个矩形。

⑧【切角矩形工具】◯：该工具可以绘制一个矩形，并对该矩形的边界进行剪裁控制。

⑨【楔形工具】◣：该工具可以绘制一个三角形。

⑩【椭圆工具】◯：该工具可以绘制一个椭圆。在拖动鼠标绘制图形的同时按住 Shift 键可绘制出一个正圆。

⑪【旋转工具】◠：该工具可以旋转对象。

⑫【垂直文本工具】🇹：该工具用于建立竖排文本。

⑬【垂直区域文字工具】▥：该工具用于建立竖排段落文本。

⑭【垂直文字路径工具】◁：该工具主要用于创建垂直于路径的文本。

⑮【删除定位点工具】▶：该工具可以在线段上减少控制点。

⑯【转换定位点工具】◣：该工具可以产生一个尖角或用来调整曲线的圆滑程度。

⑰【圆角矩形工具】▢：该工具可以绘制一个带有圆角的矩形。

⑱【圆矩形工具】◯：该工具可以绘制一个偏圆的矩形。

⑲【弧形工具】◢：该工具可以绘制一个圆弧。

⑳【直线工具】╱：该工具可以绘制一条直线。

3.1.3　在视频中添加字幕

本例将介绍为视频添加字幕，首先导入素材文件，将其拖曳至 V1 轨道中，创建视频需要的字幕，并将其添加到 V2 轨道中，设置合适的持续时间以得到想要的效果，如图 3-20 所示。

图 3-20　在视频中添加字幕

01 运行 Premiere Pro CC 2018，新建项目文件，按 Ctrl+N 组合键，在打开的【新建序列】对话框中选择【设置】选项卡，将【编辑模式】设置为【自定义】，将【时基】设置为【23.976 帧 / 秒】，将【帧大小】设置为 720，将【水平】设置为 380，将【像素长宽比】设置为 D1/DV NTSC（0.9091），单击【确定】按钮，如图 3-21 所示。

02 在【项目】面板中双击，打开【导入】对话框，选择"彩色气球 .mov"素材文件，如图 3-22 所示。

图 3-21 【新建序列】对话框　　　　　　　　图 3-22 选择素材文件

03 将导入的素材拖曳至 V1 轨道中。打开【剪辑不匹配警告】对话框，单击【保持现有设置】按钮，将【缩放】设置为 36，如图 3-23 所示。

图 3-23 设置【缩放】参数

04 在菜单栏中执行【文件】|【新建】|【旧版标题】命令，在打开的【新建字幕】对话框中使用默认命名，进入字幕窗口，使用【文字工具】 ，在字幕窗口中输入"彩色气球"，在【属性】选项组中将【字体系列】设置为华文行楷，将【字体大小】设置为 50，将【字偶间距】设置为 6.7，将【填充】选项组下的【颜色】RGB 设置为 255、31、163，勾选【阴影】复选框，将【颜色】设置为白色，【不透明度】设置为 100，【角度】设置为 45，【距离】设置为 0，【大小】设置为 4，【扩展】设置为 64.8，在【变换】选项组中设置【X 位置】为 484、【Y 位置】为 336，如图 3-24 所示。

05 关闭该窗口，在【项目】面板中将"字幕 01"拖曳至 V2 轨道中，将"字幕 01"的结尾处与"彩色气球 .mov"的结尾处对齐，在【节目】面板中查看效果，如图 3-25 所示。

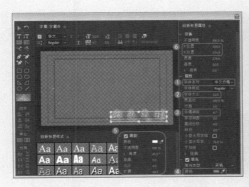

图 3-24　设置文字参数　　　　　　　　　　　图 3-25　最终效果

3.2　设置文字属性

可以使用字幕属性参数栏对文本或者图形对象进行参数的设置。使用不同的工具，字幕属性参数栏也略有不同。

3.2.1　字幕属性

字幕属性参数栏中文字工具的字幕属性和形状工具的字幕属性，如图 3-26、图 3-27 所示。

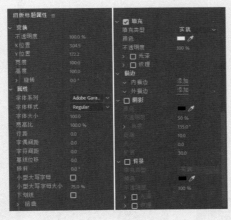

图 3-26　文字工具的字幕属性　　　　　图 3-27　形状工具的字幕属性

在【属性】区域中可以对字幕的属性进行设置。对于不同的对象，可调整的属性也有所不同。下面简单地介绍常用选项的功能。

- 【字体系列】：在该下拉列表框中，显示系统中安装的所有字体，可以在其中选择需要的字体进行使用。
- 【字体样式】：包括 Bold(粗体)、Bold Italic(粗体、倾斜)、Italic(倾斜)、Regular(常规)、Semibold(半粗体)、Semibold Italic(半粗体、倾斜)。
- 【字体大小】：设置字体的大小。
- 【宽高比】：设置字体的长宽比。
- 【行距】：设置行与行之间的间距。
- 【字偶间距】：设置光标位置处前后字符之间的距离，可在光标位置处形成两段有一定距离的字符。

- 【字符间距】：设置所有字符或者所选字符的间距，调整的是单个字符间的距离。
- 【基线位移】：设置字符所有字符基线的位置。通过改变该选项的值，可以方便地设置上标和下标。
- 【倾斜】：设置字符的倾斜。
- 【小型大写字母】：激活该选项，可以输入大写字母，或者将已有的小写字母改为大写字母，如图 3-28 所示。

图 3-28　勾选与取消勾选【小型大写字母】选项的效果对比

- 【小型大写字母大小】：小写字母改为大写字母后，可以利用该选项来调整大小。
- 【下画线】：激活该选项，可以在文本下方添加下画线。
- 【扭曲】：在该参数栏中可以对文本进行扭曲设置。调节【扭曲】参数栏下的 X 轴和 Y 轴向扭曲度，可以产生变化多端的文本形状。

■ 3.2.2　填充设置

在【填充】区域中，可以指定文本或者图形的填充状态，即使用颜色或者纹理来填充对象。

（1）【填充类型】。

单击【填充类型】右侧的下拉按钮，在弹出的下拉菜单中选择一种类型，可以决定使用何种方式填充对象，在默认情况下是以实色为其填充颜色，可单击【颜色】右侧的颜色缩略图，在打开的【颜色拾取】对话框中为其执行一种颜色，如图 3-29 所示。

各种填充类型的使用效果都是不同的，下面详细地介绍一下。

- 【实底】：该选项为默认选项。
- 【线性渐变】：当选择【线性渐变】进行填充时，如果想要改变线性渐变的颜色，可以分别单击两个颜色滑块，在打开的对话框中选择【渐变开始】和【渐变结束】的颜色。选择颜色滑块后，按住鼠标左键可以拖动滑块改变位置，以决定该颜色在整个渐变色中所占的比例，如图 3-30 所示。

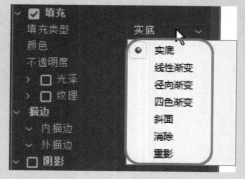

图 3-29　填充类型

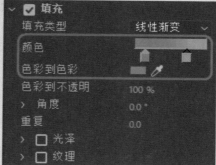

图 3-30　线性渐变

- 【径向渐变】：【径向渐变】同【线性渐变】相似，唯一不同的是，【线性渐变】是由一条直线发射出去，而【径向渐变】是由一个点向周围渐变，呈放射状，如图 3-31 所示。

- 【四色渐变】：与上面两种渐变类似，但是四个角上的颜色块允许重新定义，如图 3-32 所示。

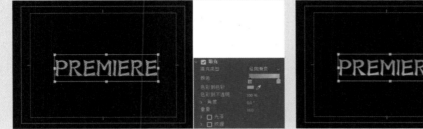

图 3-31　径向渐变　　　　　　　　　　　　　　　图 3-32　四色渐变

- 【斜面】：使用【斜角边】方式，可以使对象产生一个立体的浮雕效果。选择【斜角边】后，首先需要在【高光颜色】中指定立体字的受光面颜色；然后在【阴影颜色】栏中指定立体字的背光面颜色；还可以分别在各自的透明度栏中指定不透明度；【平衡】参数栏可调整明暗对比度，数值越高，明暗对比越强；【大小】参数可以调整浮雕的尺寸高度；激活【变亮】选项，可以在【亮度角度】选项中调整滑轮，让浮雕对象产生光线照射效果；【亮度级别】选项可以调整灯光强度；激活【管状】选项，可在明暗交接线上勾边，产生管状效果，如图 3-33 所示。

- 【消除】：在【消除】模式下，无法看到对象。如果为对象设置了阴影或者描边，就可以清楚地看到效果。对象被阴影减去部分镂空，而其他部分的阴影则保留下来。需要注意的是，在【消除】模式下，阴影的尺寸必须大于对象，如果相等，相减后不会出现镂空效果，如图 3-34 所示。

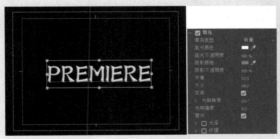

图 3-33　设置【斜面】参数后的效果　　　　　　　图 3-34　设置【消除】参数后的效果

- 【重影】：在克隆模式下，隐藏了对象，保留了阴影。这与【消除】模式类似，但是对象和阴影没有发生相减的关系，而是完整地显现了阴影。

（2）【色彩到不透明】：设置该参数可以控制该点颜色的不透明度，这样就可以产生一个有透明的渐变过程。通过调整【转角】滑轮，可以控制渐变的角度。

（3）【重复】：这项参数可以为渐变设置一个重复值。

- 【光泽】：在【光泽】选项中，可以为对象添加光泽，产生金属光泽等一些迷人的效果。【颜色】栏一般用于指定光泽的颜色；【不透明度】参数控制光泽不透明度；【大小】用来控制光泽的扩散范围；【角度】参数栏可调整光泽的方向；【偏移】参数栏用于对光泽位置产生偏移。

下面介绍为对象填充纹理的具体操作步骤。

01 新建一个空白字幕，在字幕编辑器中绘制一个矩形，如图 3-36 所示。

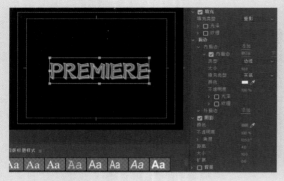

图 3-35　设置【残像】后的效果

图 3-36　创建矩形

02 展开【纹理】选项，在该选项下勾选【纹理】复选框，单击该选项中材质右侧的缩略图，在打开的【选择纹理图像】对话框中选择"CDROM\ 素材 \Cha03\003.jpg"素材文件，单击【打开】按钮，如图 3-37 所示。

03 即可将选择的素材填充至矩形框中，如图 3-38 所示。

图 3-37　【选择纹理图像】对话框

图 3-38　填充完成后的效果

- 如果勾选【随对象翻转】和【随对象旋转】复选框后，当对象移动、旋转时，添加的纹理也会随之旋转。
- 在【缩放】栏中可以对纹理进行缩放，可以在【水平】和【垂直】栏中水平或垂直缩放纹理图大小。
- 设置【平铺】参数，如果纹理小于对象，则会平铺填满对象。
- 【对齐】栏主要用于对齐纹理，调整纹理的位置。
- 【混合】参数栏用于调整纹理和原始填充效果的混合程度。

■ 3.2.3　描边设置

可以在【描边】区域为对象设置一个描边效果。Premiere Pro CC 2018 提供了两种形式的描边，用户可以选择使用【内描边】或【外描边】，或者两者一起使用。要应用描边效果首先必须单击【添加】按钮，添加需要的描边效果。两种描边效果的参数设置基本相同。

应用描边效果后，可以在描边【类型】下拉列表中选择描边模式，有【边缘】、【深度】、【凹进】三个选项，下面进行介绍。

- 【边缘】：在【深度】模式下，对象产生一个厚度，呈现立体字的效果。可以在【角度】设置栏调整数值，改变透视效果，如图 3-39 所示。
- 【深度】：这是正统的描边效果。选择【深度】选项，可以在【大小】参数栏设置边缘宽度，在【颜色】栏指定边缘颜色，在【不透明度】栏控制描边不透明度，在【填充类型】中控制描边的填充方式，这些参数和前面学习的填充模式基本相同，如图 3-40 所示。

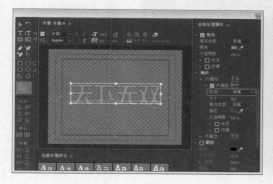

图 3-39　设置边缘参数后的效果

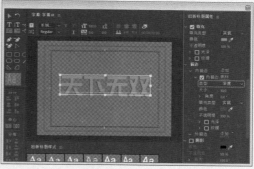

图 3-40　设置深度参数后的效果

- 【凹进】：在【凹进】模式下，对象产生一个分离的面，类似于产生透视的投影，可以在【级别】设置栏控制强度，在【角度】中调整分离面的角度，如图 3-41 所示。

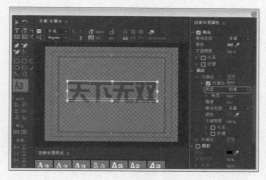

图 3-41　设置凹进参数后的效果

3.2.4　阴影设置

勾选【阴影】复选框，可以为字幕设置投影。下面介绍在字幕属性面板中【阴影】选项组中各参数的功能。

- 【颜色】：可以指定投影的颜色。
- 【不透明度】：控制投影的不透明度。
- 【角度】：控制投影角度。
- 【距离】：控制投影距离对象的远近。
- 【大小】：控制投影的大小。
- 【扩展】：制作投影的柔度，较高的参数产生柔和的投影。

3.2.5　设置背景

勾选【背景】复选框，可以为对象设置一个背景，如图 3-42 所示。【背景】区域中的所有选项与上述的【填充】区域用法一样。

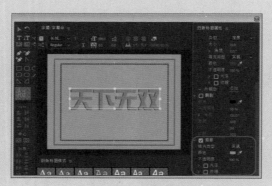

图 3-42　设置背景

3.3　应用与创建字幕样式效果

通常在编辑完字幕后总觉得不是特别理想，此时可以在字幕样式中应用预设的风格化效果。如果对应用的风格化样式效果很满意，可以创建样式效果对其进行保存。

3.3.1　应用风格化样式效果

如果要为一个对象应用预设的风格化效果，只需选择该对象，然后在编辑窗口下方单击【字幕样式】栏中的样式效果即可，下面介绍具体步骤。

01 新建项目，打开【导入项目】对话框，选择"素材 \Cha03\ 字幕 1.prproj"文件，单击【打开】按钮，如图 3-43 所示。

02 在【项目】面板中双击"字幕 1.prproj"文件，打开【字幕】面板，如图 3-44 所示。

图 3-43　选择素材文件　　　　　　　　　　　　　　　　　　图 3-44　打开【字幕】面板

03 在字幕样式面板中选择一个样式，如图 3-45 所示。

04 单击【旧版标题样式】右侧的菜单按钮，在弹出的下拉列表中进行相应的设置，如图 3-46 所示。

图 3-45　选择字幕样式　　　　　　　　　　图 3-46　字幕样式下拉列表

　　下面介绍字幕样式下拉列表中选项的功能。

- 【新建样式】：新建一个风格化样式。
- 【应用样式】：使用当前所显示的样式。
- 【应用带字体大小的样式】：在使用样式时只应用样式的字号。
- 【仅应用样式颜色】：在使用样式时只应用样式的当前色彩。
- 【复制样式】：复制一个风格化效果。
- 【删除样式】：删除选定的风格化效果。
- 【重命名样式】：给选定的风格化样式另设一个名称。
- 【重置样式库】：用默认样式替换当前样式。
- 【追加样式库】：读取风格化效果库。
- 【保存样式库】：可以把定制的风格化效果存储到硬盘上，产生一个 Prsl 文件，以供随时调用。
- 【替换样式库】：替换当前风格化效果库。
- 【仅文本】：在风格化效果库中仅显示名称。
- 【小缩览图】：小图标显示风格化效果。
- 【大缩览图】：大图标显示风格化效果。

3.3.2　创建样式效果

　　当为一个对象指定了满意的效果后，可以将这个效果保存下来，以便随时使用。为此，Premiere Pro CC 2018 提供了定制风格化效果的功能。

01 新建项目，在【项目】面板的空白处双击，打开【导入】对话框，打开 "CDROM\ 素材 \Cha03\ 字幕 1.prproj" 文件，选择大幅览图。如图 3-47 所示。

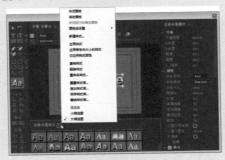

图 3-47　选择素材文件

02 在【项目】面板中双击"字幕 1.prproj"文件，打开【字幕】面板，如图 3-48 所示。

03 单击【字幕样式】右侧的菜单按钮，弹出下拉列表，执行【新建样式】命令，如图 3-49 所示。

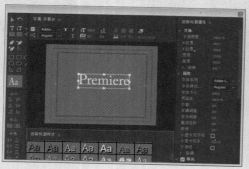 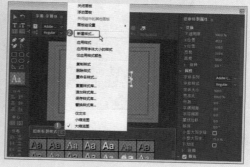

图 3-48　打开【字幕】面板　　　　　　　　　图 3-49　执行【新建样式】命令

04 在打开的对话框中输入新样式效果的名称，单击【确定】按钮，如图 3-50 所示。此时，新建的样式就会出现在字幕样式面板中。

图 3-50　完成后的效果

3.4　建立并编辑图形

　　【工具】面板中除了文本创建工具外，还包括各种图形创建工具，能够建立直线、矩形、椭圆、多边形等。各种线和形体对象一开始都使用默认的线条、颜色和阴影属性，也可以随时更改这些属性。有了这些工具，在影视节目的编辑过程中就可以方便地绘制一些简单的图形。

■ 3.4.1　使用【输入工具】创建文字对象

　　字幕编辑器中包括几个创建文字对象的工具，使用这些工具，可以创建出水平或垂直排列的文字，或沿路径排列的文字，以及水平或垂直范围文字（段落文字）。

1. 创建水平或垂直排列文字

　　新建一个字幕，在【工具】面板中选择【输入工具】▐T▍或【垂直输入工具】▐T▍，将鼠标指针放置在【字幕】面板上单击，激活文本框后，输入文字，如图 3-51 所示为水平文字对象，图 3-52 所示为垂直文字对象。

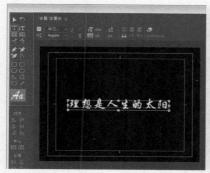
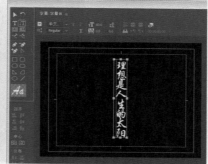

图 3-51　创建水平文字　　　　　　　　　　　图 3-52　创建垂直文字

2. 创建范围文字

　　在【工具】面板中选择【区域输入工具】圖 或【垂直区域输入工具】圖。将鼠标指针放置在【字幕】面板上单击并拖曳出文本区域，输入文字，创建垂直区域文字，如图 3-53 ～图 3-55 所示。

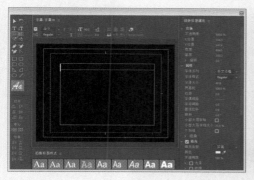
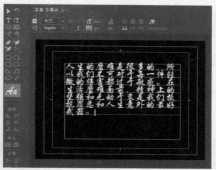

图 3-53　绘制文字区域框　　　　　　　　　　　图 3-54　输入文字内容

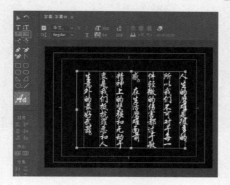

图 3-55　创建垂直区域文字

3. 创建路径文字

　　创建路径文字的操作方法类似于 Photoshop 中创建路径文字的操作方法，首先选择需要创建的路径文字类型，在此，选择【路径文字工具】圖，待鼠标指针变成钢笔样式，在窗口中文字的开始位置单击，创建路径，输入文本信息，如图 3-56、图 3-57 所示。

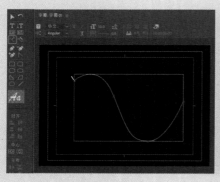

图 3-56 创建路径

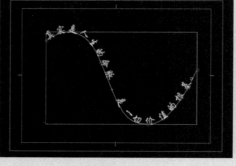

图 3-57 输入文字

3.4.2 使用【钢笔工具】创建自由图形

【钢笔工具】通过建立贝塞尔曲线创建图形，通过调整曲线路径控制点可以修改路径形状。下面介绍使用【钢笔工具】绘制图形，具体步骤如下。

01 在菜单栏中执行【新建】|【文件】|【项目】命令，在打开的对话框中将【名称】设置为"使用钢笔工具创建自由图形"，单击【浏览】按钮，选择好文件保存路径，其他保持默认设置，如图 3-58 所示。

02 在菜单栏中执行【文件】|【新建】|【旧版标题】命令，在【工具】面板中选择【钢笔工具】，在图形绘制区创建一条封闭曲线，作为所要绘制图形的轮廓，如图 3-59 所示。

图 3-58 新建项目

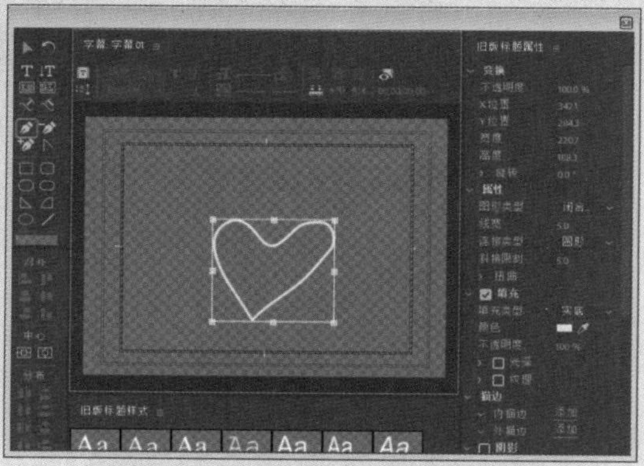

图 3-59 绘制轮廓

提示一下 ○

通过路径创建图形时，路径上的控制点越多，图形形状越精细，但过多的控制点不利于后期的修改。建议路径上的控制点在不影响效果的情况下，尽量减少。

3.4.3 改变图形的形状

在字幕编辑器窗口中绘制的形状图形，它们之间可以相互转换。改变图形的形状的具体操作步骤如下。

01 新建项目和字幕文件，使用【矩形工具】绘制矩形，如图 3-60 所示。

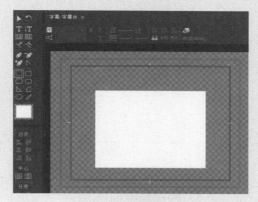

图 3-60　绘制矩形

02 在字幕属性面板中单击【属性】左侧的三角按钮，将其展开，单击【图形类型】右侧的下拉按钮，弹出一个下拉菜单，在其中选择一种图形类型，如图 3-61 所示。

图 3-61　选择图形类型

03 所选择的图像转换为所选图形类型的形状，如图 3-62 所示。

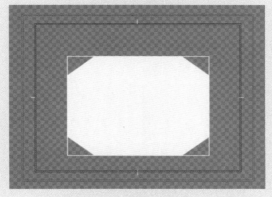

图 3-62　改变图形的形状

课后练习

项目练习　带滚动效果的字幕

效果展示：

操作要领：

（1）新建字幕并设置文字参数；

（2）为文字添加滚动效果，实现文字的滚动；

（3）为背景添加模糊效果，凸显滚动字幕主题。

CHAPTER　04

制作甜蜜恋人影片——视频切换效果详解

本章概述 SUMMARY

■ 基础知识
- ✓ 3D 运动切换效果
- ✓ 划像切换效果

■ 重点知识
- ✓ 溶解切换效果
- ✓ 滑动切换效果

■ 提高知识
- ✓ 页面剥落切换效果
- ✓ 缩放切换效果

控制画面之间切换效果的方式很多，两个素材之间最常见的转场方式就是直接转换，即从一个素材到另一个素材的直接变换，在 Premiere Pro CC 2018【效果】面板的【视频过渡】文件夹下有多种切换特效，本章将介绍这些切换特效的使用方法。

◎ 【棋盘擦除】效果

◎ 【翻页】效果

【入门必练】制作甜蜜恋人影片——视频切换效果详解

每个人都会找到自己的另一半，当你们相遇后，就会想记录下你们的点点滴滴，将甜蜜时刻分享给别人，此时可以通过制作视频短片来实现，如图 4-1 所示。

图 4-1 效果展示

01 新建项目文件和 DV-PAL 选项组中的【标准 48kHz】序列文件，在【项目】面板中导入"素材 \Cha04\ 恋人 01.jpg、恋人 02.jpg、恋人 03.jpg、恋人 04.jpg、气球 .jpg.、序列 01、梦中的婚礼 .mp3"文件，如图 4-2 所示。

02 确认当前时间为 00:00:00:00，在【项目】面板中将气球 .jpg 素材拖至 V1 轨道中，并选中素材，将其持续时间设置为 00:00:05:00，切换至【效果控件】面板，将【运动】选项组中的【缩放】设置为 56，单击左侧的【切换动画】按钮，如图 4-3 所示。

图 4-2 导入素材文件

图 4-3 拖曳到【序列】面板中并设置

03 在菜单栏中执行【文件】|【新建】|【旧版标题】命令，如图 4-4 所示。

04 在打开的【新建字幕】对话框中使用默认设置，单击【确定】按钮即可，如图 4-5 所示。

图 4-4 执行【旧版标题】命令

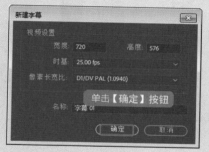

图 4-5 【新建字幕】对话框

05 在字幕编辑器窗口中使用【文字工具】**T**输入文字，选中文字，在右侧将【属性】选项组中的【字体系列】设置为文鼎雕刻体，【字体大小】设置为 65，在【填充】选项组中将【颜色】RGB 设置为 187、211、131，如图 4-6 所示。

06 在【变换】选项组中将【X 位置】、【Y 位置】分别设置为 301.7、232.7，如图 4-7 所示。

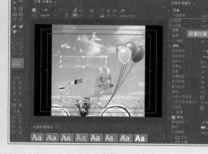

图 4-6　设置字幕大小和颜色　　　　　　　　　　图 4-7　设置字幕位置

07 再次使用同样的方法新建字幕，进入到字幕编辑器中，使用【钢笔工具】**✎**绘制心形，并选中绘制的图形，在右侧将【变换】选项组中的【宽度】和【高度】分别设置为 25、20，将【X 位置】与【Y 位置】分别设置为 378.9、221.3，将【属性】选项组中的图形类型设置为【填充贝塞尔曲线】，将【填充】选项组中的颜色设置为红色，如图 4-8 所示。

08 在【序列】面板中选中"气球 .jpg"素材文件，将当前时间设置为 00:00:02:00，切换至【效果控件】面板，将【运动】选项组中的【位置】设置为 360、288，单击【切换动画】按钮，如图 4-9 所示。

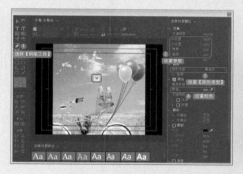

图 4-8　绘制图形并设置　　　　　　　　　　图 4-9　设置位置并添加关键帧

09 将当前时间设置为 00:00:01:00，在【项目】面板中将字幕 01 拖曳至 V2 轨道中，使其开始处与时间线对齐，选中字幕，将其持续时间设置为 00:00:05:00，切换至【效果控件】面板，将【运动】选项组中的【位置】设置为 360、548，单击【切换动画】按钮，如图 4-10 所示。

图 4-10　设置字幕 01 的位置

⑩ 将当前时间设置为 00:00:02:00，切换至【效果控件】面板，将【运动】选项组中的【位置】设置为 360、300，如图 4-11 所示。

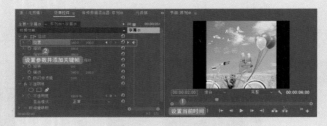

图 4-11　继续设置字幕 01 的位置

⑪ 将当前时间设置为 00:00:01:00，在【项目】面板中将字幕 02 拖曳至 V3 轨道中，使其开始处与时间线对齐，选中字幕，将其持续时间设置为 00:00:05:00，切换至【效果控件】面板，将【运动】选项组中的【位置】设置为 325、315，单击左侧的【切换动画】按钮⏱，如图 4-12 所示。

图 4-12　拖曳到【序列】面板中并设置位置

⑫ 将当前时间设置为 00:00:02:00，切换至【效果控件】面板，将【运动】选项组中的【位置】设置为 325、315，如图 4-13 所示。

图 4-13　设置字幕 02 的位置并添加关键帧

⑬ 将当前时间设置为 00:00:02:12，切换至【效果控件】面板，单击【运动】选项组中【缩放】左侧的【切换动画】按钮⏱，添加关键帧，如图 4-14 所示。

图 4-14　继续设置字幕 02 的位置

⓮ 将当前时间设置为 00:00:02:18，切换至【效果控件】面板，将【运动】选项组中的【位置】设置为 334、355，【缩放】设置为 155，如图 4-15 所示。

图 4-15　设置字幕 02 的缩放和位置

⓯ 将当前时间设置为 00:00:02:24，切换至【效果控件】面板，将【运动】选项组中的【位置】设置为 325、315，【缩放】设置为 100，如图 4-16 所示。

图 4-16　设置字幕 02 的缩放和位置

⓰ 使用同样方法，继续对字幕 02 的【位置】和【缩放】进行设置，制作出缩放的动画效果，如图 4-17 所示。

图 4-17　制作其他缩放动画效果

⓱ 将当前时间设置为 00:00:03:23，在【项目】面板中将"恋人 01.jpg"文件拖曳至视频 4 轨道中，使其开始处与时间线对齐，选中素材，将其持续时间设置为 00:00:02:14，切换至【效果控件】面板，单击【运动】选项组中【缩放】左侧的【切换动画】按钮，并将【位置】设置为 325、288，【缩放】设置为 16，单击【切换动画】按钮，将【不透明度】设置为 100%，单击【添加 / 移除关键帧】按钮，如图 4-18 所示。

图 4-18　设置素材参数

18 将当前时间设置为 00:00:04:23，切换至【效果控件】面板，将【运动】选项组中【位置】设置为 280、288，【缩放】设置为 20，【不透明度】设置为 100%，如图 4-19 所示。

图 4-19　继续设置素材参数

19 将当前时间设置为 00:00:06:12，在【项目】面板中将"恋人 02.jpg"拖曳至视频 4 轨道中，使其开始处与时间线对齐，选中素材，将其持续时间设置为 00:00:02:00，切换至【效果控件】面板，将【运动】选项组中的【缩放】设置为 18，如图 4-20 所示。

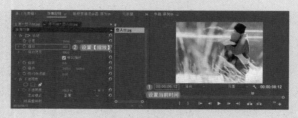

图 4-20　设置【缩放】参数

20 在【效果】面板中搜索【双侧平推门】效果，将其拖曳至视频 4 轨道中的"恋人 01.jpg"与"恋人 02.jpg"之间，如图 4-21 所示。

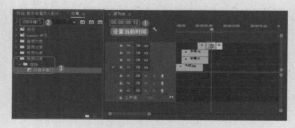

图 4-21　添加【双侧平推门】效果

提示一下

　　【双侧平推门】：使图像 A 以开、关门的方式过渡转换到图像 B。

21 将当前时间设置为 00:00:08:12，在【项目】面板中将"恋人 03.jpg"拖曳至视频 4 轨道中，使其开始处与时间线对齐，选中素材，将其持续时间设置为 00:00:02:00，切换至【效果控件】面板，将【运动】选项组中的【缩放】设置为 10，如图 4-22 所示。

图 4-22　设置【缩放】参数

22 在【效果】面板中搜索【菱形划像】效果,将其拖曳至视频 4 轨道中的"恋人 02.jpg"与"恋人 03.jpg"之间,如图 4-23 所示。

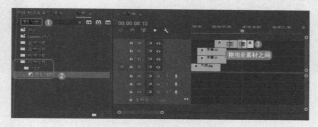

图 4-23　添加【菱形划像】效果

提示一下

　　【菱形划像】:打开菱形擦除,以显示图像 A 下面的图像 B。

23 将当前时间设置为 00:00:10:12,在【项目】面板中将"恋人 04.jpg"拖曳至视频 4 轨道中,使其开始处与时间线对齐,选中素材,将其持续时间设置为 00:00:02:13,切换至【效果控件】面板,将【运动】选项组中的【位置】设置为 400、288,【缩放】设置为 17,如图 4-24 所示。

图 4-24　拖入素材并设置【缩放】参数

24 在【效果】面板中搜索【交叉缩放】效果,将其拖曳至视频 4 轨道中的"恋人 03.jpg"与"恋人 04.jpg"之间,如图 4-25 所示。

图 4-25　添加【交叉缩放】效果

提示一下

　　【交叉缩放】:图像 A 放大,然后图像 B 缩小。

25 确认选中轨道中的"恋人 04.jpg"素材,将当前时间设置为 00:00:10:00,切换至【效果控件】面板,单击【运动】选项组中【缩放】左侧的【切换动画】按钮 ,如图 4-26 所示。

图 4-26　设置【缩放】关键帧

26 将当前时间设置为 00:00:11:12，切换至【效果控件】面板，单击【运动】选项组中【缩放】右侧的【添加 / 移除关键帧】按钮，如图 4-27 所示。

图 4-27　添加关键帧

27 最后将场景进行保存，并导出视频效果即可。

4.1　3D 运动

本节将详细讲解【3D 运动】文件夹下的【立方体旋转】切换效果和【翻转】切换效果的使用。

4.1.1　【立方体旋转】切换效果

【立方体旋转】切换效果可以使图像 A 旋转以显示图像 B，两幅图像映射到立方体的两个面，如图 4-28 所示。具体操作步骤如下。

图 4-28　【立方体旋转】效果

01 新建项目后，在菜单栏中单击【文件】按钮，在弹出的下拉列表中选择【新建】|【序列】命令，如图 4-29 所示。

02 在打开的【新建序列】对话框中选择 DV-PAL|【标准 48kHz】选项，其他保持默认设置，单击【确定】按钮，如图 4-30 所示。

图 4-29　执行【序列】命令

图 4-30　【新建序列】对话框

03 在【项目】面板空白处双击，打开【导入】对话框，选择 "CDROM\ 素材 \Cha04\001.jpg、002.jpg" 文件，单击【打开】按钮，如图 4-31 所示。

04 将导入的素材拖曳至【序列】面板的视频轨道 V1 中，如图 4-32 所示。

图 4-31　选择素材文件

图 4-32　将素材拖至【序列】面板中

05 将当前时间设置为 00:00:00:00，选中 "001.jpg" 素材文件，切换到【效果控件】面板，将【缩放】设置为 122，如图 4-33 所示。

图 4-33　选择素材文件并设置【缩放】参数

06 将当前时间设置为 00:00:05:00，选中 "002.jpg" 素材文件，切换到【效果控件】面板，将【位置】设置为 380、288，【缩放】设置为 48，如图 4-34 所示。

图 4-34 继续选择素材文件并设置参数

07 切换到【效果】面板，打开【视频过渡】文件夹，选择【3D 运动】下的【立方体旋转】切换
效果，如图 4-35 所示。

08 将其拖曳至【序列】面板中两个素材之间，如图 4-36 所示。

图 4-35 选择切换效果

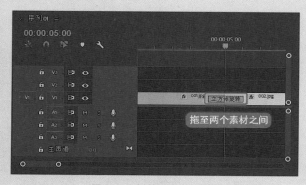

图 4-36 将其拖曳至素材之间

■ 4.1.2 【翻转】切换效果

【翻转】切换效果使图像 A 翻转到所选颜色后，显示图像 B，如图 4-37 所示。

01 新建项目后，在菜单栏中单击【文件】按钮，在弹出的下拉列表中执行【新建】|【序列】命令，
如图 4-38 所示。

图 4-37 【翻转】效果

图 4-38 执行【序列】命令

02 在打开的【新建序列】对话框中选择 DV-PAL|【标准 48kHz】选项，其他保持默认设置，单击【确

定】按钮，如图 4-39 所示。

03 在【项目】面板空白处双击，在打开的【导入】对话框中，选择 Cha04\003.jpg、004.jpg 文件，单击【打开】按钮，如图 4-40 所示。

图 4-39　【新建序列】对话框　　　　　　　　　　　　图 4-40　选择素材文件

04 将导入的素材拖曳至【序列】面板的视频轨道 V1 中，如图 4-41 所示。

05 选中 003.jpg 素材文件，将当前时间设置为 00:00:00:00，切换到【效果控件】面板，将【位置】设置为 356、316，【缩放】设置为 125，如图 4-42 所示。

图 4-41　将素材拖曳至视频轨道　　　　　　　　　　图 4-42　设置参数

06 将当前时间设置为 00:00:05:00，选中 004.jpg 素材文件，切换到【效果控件】面板，将【缩放】设置为 160，如图 4-43 所示。

07 切换到【效果】面板，打开【视频过渡】文件夹，选择【3D 运动】下的【翻转】过渡效果，如图 4-44 所示。

图 4-43　继续设置参数　　　　　　　　　　图 4-44　选择【翻转】效果

08 将其拖曳至【序列】面板中的素材上，如图 4-45 所示。

09 切换到【效果控件】面板，单击【自定义】按钮，打开【翻转设置】对话框，对效果进行进一步设置，单击【确定】按钮，如图 4-46 所示。

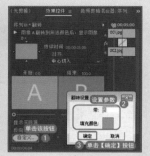

图 4-45　拖入特效　　　　　　　　　图 4-46　【翻转设置】对话框

> **提示一下**
>
> 【翻转】效果的参数：【带】：输入翻转的图像数量。【填充颜色】：设置空白区域颜色。

4.2　划像

本节将详细讲解【划像】转场效果，其中包括交叉划像、圆划像、盒形划像、菱形划像。

4.2.1　【交叉划像】切换效果

【交叉划像】切换效果如图 4-47 所示。

图 4-47　【交叉划像】切换效果

01 新建项目后，在菜单栏中单击【文件】按钮，在弹出的下拉列表中执行【新建】|【序列】命令，如图 4-48 所示。

02 在打开的【新建序列】对话框中选择 DV-PAL|【标准 48kHz】选项，其他保持默认设置，单击【确定】按钮，如图 4-49 所示。

图 4-48　执行【序列】命令　　　　　　　图 4-49　【新建序列】对话框

03 在【项目】面板的空白处双击，打开【导入】对话框，选择"CDROM\ 素材 \Cha04\005.jpg、006.jpg"文件，单击【打开】按钮，如图 4-50 所示。

04 将导入的素材文件拖曳至【序列】面板中，选中 005.jpg 素材文件，将当前时间设置为 00:00:00:00，切换到【效果控件】面板，将【缩放】设置为 36，【位置】设置为 419、289，如图 4-51 所示。

图 4-50　选择素材文件

图 4-51　设置参数

05 选中 006.jpg 素材文件，将当前时间设置为 00:00:05:00，切换到【效果控件】面板，将【缩放】设置为 120，如图 4-52 所示。

06 切换到【效果】面板，打开【视频过渡】文件夹，选择【划像】下的【交叉划像】过渡效果，如图 4-53 所示。

图 4-52　设置【缩放】参数

图 4-53　选择【交叉划像】效果

07 将其拖曳至【序列】面板中两个素材之间，如图 4-54 所示。

图 4-54　拖曳至素材之间

4.2.2 【圆划像】切换效果

【圆划像】切换效果可以产生一个圆形的效果，如图 4-55 所示。

图 4-55 【圆划像】切换效果

01 新建项目后，在菜单栏中单击【文件】按钮，在弹出的下拉列表中执行【新建】|【序列】命令，如图 4-56 所示。

02 在打开的【新建序列】对话框中选择 DV-PAL|【标准 48kHz】选项，其他保持默认设置，单击【确定】按钮，如图 4-57 所示。

图 4-56 执行【序列】命令

图 4-57 【新建序列】对话框

03 在【项目】面板的空白处双击，打开【导入】对话框，选择 "CDROM\ 素材 \Cha04|007.jpg、008.jpg" 文件，单击【打开】按钮，如图 4-58 所示。

04 将导入后的素材拖曳至【序列】面板的视频轨道 V1 中，选中 007.jpg 素材文件，将当前时间设置为 00:00:00:00，切换到【效果控件】面板，将【缩放】设置为 143，【位置】设置为 359、331，如图 4-59 所示。

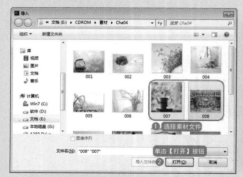

图 4-58 选择素材文件

图 4-59 设置参数

05 选中 008.jpg 素材文件，将当前时间设置为 00:00:05:00，切换到【效果控件】面板，将【缩放】设置为 50，如图 4-60 所示。

06 切换到【效果】面板，打开【视频过渡】文件夹，选择【划像】下的【圆划像】过渡效果，如图 4-61 所示。

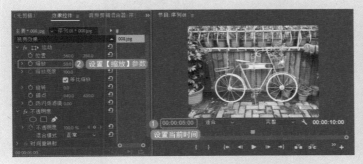

图 4-60　设置【缩放】参数　　　　　　　　　　　　　图 4-61　选择【圆划像】效果

07 将其拖曳至【序列】面板中两个素材之间，如图 4-62 所示。

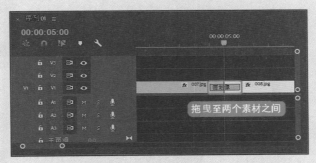

图 4-62　拖曳至素材之间

■ 4.2.3　【盒形划像】切换效果

【盒形划像】切换效果如图 4-63 所示。

图 4-63　【盒形划像】切换效果

01 新建项目后，在菜单栏中单击【文件】按钮，在弹出的下拉列表中执行【新建】|【序列】命令，如图 4-64 所示。

02 在打开的对话框中选择 DV-PAL|【标准 48kHz】选项，其他保持默认设置，单击【确定】按钮，如图 4-65 所示。

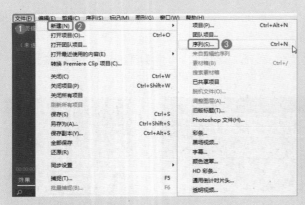

图 4-64　执行【序列】命令

图 4-65　【新建序列】对话框

03 在【项目】面板的空白处双击，打开【导入】对话框，选择"素材\Cha04\009.jpg、010.jpg"文件，单击【打开】按钮，如图 4-66 所示。

04 将导入后的素材拖曳至【序列】面板的视频轨道 V1 中，选中 009.jpg 素材文件，将当前时间设置为 00:00:00:00，切换到【效果控件】面板，将【缩放】设置为 132，如图 4-67 所示。

图 4-66　选择素材文件

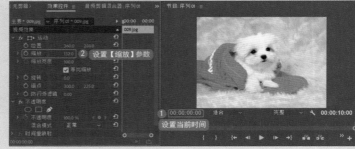

图 4-67　设置【缩放】参数

05 选中 010.jpg 素材文件，将当前时间设置为 00:00:05:00，切换到【效果控件】面板，将【位置】设置为 420、288，【缩放】设置为 145，如图 4-68 所示。

06 切换到【效果】面板，打开【视频过渡】文件夹，选择【划像】下的【盒形划像】过渡效果，如图 4-69 所示。

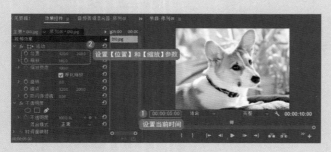

图 4-68　设置参数

图 4-69　选择【盒形划像】效果

07 将其拖至【序列】面板中两个素材之间，如图 4-70 所示。

图 4-70　拖曳至素材之间

■ 4.2.4　【菱形划像】切换效果

【菱形划像】切换效果如图 4-71 所示。

图 4-71　【菱形划像】切换效果

01 新建项目后，在菜单栏中单击【文件】按钮，在弹出的下拉列表中执行【新建】|【序列】命令，如图 4-72 所示。

02 在打开的【新建序列】对话框中选择 DV-PAL|【标准 48kHz】选项，其他保持默认设置，单击【确定】按钮，如图 4-73 所示。

图 4-72　执行【序列】命令

图 4-73　【新建序列】对话框

03 在【项目】面板的空白处双击，打开【导入】对话框，选择"CDROM\ 素材 \Cha04\011.jpg、012.jpg"文件，单击【打开】按钮，如图 4-74 所示。

04 将导入的素材拖曳至【序列】面板的视频轨道 V1 中，选中 011.jpg 素材文件，将当前时间设置为 00:00:00:00，切换到【效果控件】面板，将【缩放】设置为 124，如图 4-75 所示。

图 4-74 选择素材文件

图 4-75 设置【缩放】

05 选中 012.jpg 素材文件，将当前时间设置为 00:00:05:00，切换到【效果控件】面板，将【缩放】设置为 125，如图 4-76 所示。

图 4-76 设置【缩放】参数

06 切换到【效果】面板，打开【视频过渡】文件夹，选择【划像】下的【菱形划像】过渡效果，如图 4-77 所示。

07 将其拖曳至【序列】面板中两个素材之间，如图 4-78 所示。

图 4-77 选择【菱形划像】效果

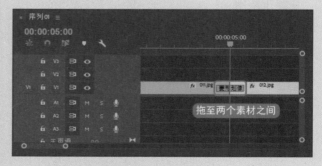

图 4-78 拖曳至素材之间

4.3 擦除

本节将详细讲解【擦除】转场效果，其中共包括 17 个以擦除方式过渡的切换视频效果。

■ 4.3.1 【划出】切换效果

【划出】切换效果使图像 B 逐渐扫过图像 A，如图 4-79 所示。

图 4-79 【划出】切换效果

01 新建项目后，在菜单栏中单击【文件】按钮，在弹出的下拉列表中执行【新建】|【序列】命令，如图 4-80 所示。

02 在打开的【新建序列】对话框中选择 DV-PAL|【标准 48kHz】选项，其他保持默认设置，单击【确定】按钮，如图 4-81 所示。

图 4-80 执行【序列】命令

图 4-81 【新建序列】对话框

03 在【项目】面板的空白处双击，打开【导入】对话框，选择 "CDROM\ 素材 \Cha04\013.jpg、014.jpg" 文件，单击【打开】按钮，如图 4-82 所示。

04 将导入的素材拖曳至【序列】面板的视频轨道 V1 中，选中 013.jpg 素材文件，将当前时间设置为 00:00:00:00，切换到【效果控件】面板，将【缩放】设置为 135，如图 4-83 所示。

图 4-82 选择素材文件

图 4-83 设置【缩放】参数

05 选中 014.jpg 素材文件，将当前时间设置为 00:00:05:00，切换到【效果控件】面板，将【缩放】设置为 80，如图 4-84 所示。

06 切换到【效果】面板，打开【视频过渡】文件夹，选择【擦除】下的【划出】过渡效果，如图 4-85 所示。

图 4-84　设置【缩放】参数

图 4-85　选择【划出】效果

07 将其拖曳至【序列】面板中两个素材之间，如图 4-86 所示。

图 4-86　拖曳至素材之间

4.3.2　【双侧平推门】切换效果

【双侧平推门】切换效果使图像 A 以开、关门的方式过渡转换到图像 B，如图 4-87 所示。

图 4-87　【双侧平推门】切换效果

01 新建项目后，在菜单栏中单击【文件】按钮，在弹出的下拉列表中执行【新建】|【序列】命令，如图 4-88 所示。

图 4-88　执行【序列】命令

02 在打开的【新建序列】对话框中选择 DV-PAL|【标准 48kHz】选项，其他保持默认设置，然后单击【确定】按钮，如图 4-89 所示。

03 在【项目】面板的空白处双击，打开【导入】对话框，选择 "CDROM\ 素材 \Cha04\015.jpg、016.jpg" 文件，单击【打开】按钮，如图 4-90 所示。

图 4-89　【新建序列】对话框　　　　　　　　　　　　图 4-90　选择素材文件

04 将导入的素材拖曳至【序列】面板的视频轨道 V1 中，选中 015.jpg 素材文件，将当前时间设置为 00:00:00:00，切换到【效果控件】面板，将【缩放】设置为 48，如图 4-91 所示。

图 4-91　设置【缩放】参数

05 选中 016.jpg 素材文件，将当前时间设置为 00:00:05:00，切换到【效果控件】面板，将【缩放】设置为 175，如图 4-92 所示。

图 4-92　设置【缩放】参数

06 切换到【效果】面板，打开【视频过渡】文件夹，选择【擦除】下的【双侧平推门】过渡效果，如图 4-93 所示。

07 将其拖至【序列】面板的两个素材之间，如图 4-94 所示。

图 4-93 选择【双侧平推门】效果

图 4-94 拖曳至素材之间

4.3.3 【带状擦除】切换效果

【带状擦除】切换效果使图像 B 在水平、垂直或对角线方向上呈条形扫除图像 A，并逐渐显示，如图 4-95 所示。

图 4-95 【带状擦除】切换效果

01 新建项目后，在菜单栏中单击【文件】按钮，在弹出的下拉列表中执行【新建】|【序列】命令，如图 4-96 所示。

02 在打开的【新建序列】对话框中选择 DV-PAL|【标准 48kHz】选项，其他保持默认设置，单击【确定】按钮，如图 4-97 所示。

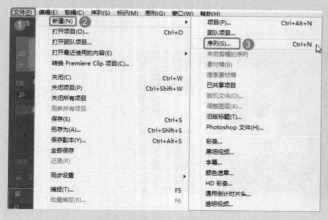

图 4-96 执行【序列】命令

图 4-97 【新建序列】对话框

03 在【项目】面板的空白处双击，打开【导入】对话框，选择"CDROM\ 素材 \Cha04|017.jpg、018.jpg"文件，单击【打开】按钮，如图 4-98 所示。

04 将导入的素材拖曳至【序列】面板的视频轨道 V1 中，选中 017.jpg 素材文件，将当前时间设置为 00:00:00:00，切换到【效果控件】面板，将【缩放】设置为 180，如图 4-99 所示。

图 4-98　选择素材文件　　　　　　　　　　　　　　　图 4-99　设置【缩放】参数

05 选中 018.jpg 素材文件，将当前时间设置为 00:00:05:00，切换到【效果控件】面板，将【缩放】设置为 157，如图 4-100 所示。

06 切换到【效果】面板，打开【视频过渡】文件夹，选择【擦除】下的【带状擦除】过渡效果，如图 4-101 所示。

图 4-100　设置【缩放】参数　　　　　　　　　　　　　图 4-101　选择【带状擦除】效果

07 将其拖曳至【序列】面板的两个素材之间，如图 4-102 所示。

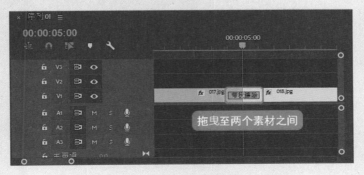

图 4-102　拖曳至素材之间

■ 4.3.4 【径向擦除】切换效果

【径向擦除】切换效果使图像 B 从图像 A 的一角扫入画面，如图 4-103 所示。

图 4-103 【径向擦除】切换效果

01 新建项目后，在菜单栏中单击【文件】按钮，在弹出的下拉列表中执行【新建】|【序列】命令，如图 4-104 所示。

02 在打开的【新建序列】对话框中选择 DV-PAL|【标准 48kHz】选项，其他保持默认设置，单击【确定】按钮，如图 4-105 所示。

图 4-104 执行【序列】命令

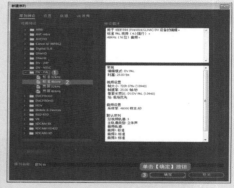

图 4-105 【新建序列】对话框

03 在【项目】面板的空白处双击，打开【导入】对话框，选择"素材 \Cha04\019.jpg、020.jpg"文件，单击【打开】按钮，如图 4-106 所示。

04 将导入的素材拖曳至【序列】面板的视频轨道 V1 中，选 019.jpg 素材文件，将当前时间设置为 00:00:00:00，切换到【效果控件】面板，将【缩放】设置为 87，如图 4-107 所示。

图 4-106 选择素材文件

图 4-107 设置【缩放】参数

05 选中 020.jpg 素材文件，将当前时间设置为 00:00:05:00，切换到【效果控件】面板，将【缩放】设置为 87，如图 4-108 所示。

06 切换到【效果】面板，打开【视频过渡】文件夹，选择【擦除】下的【径向擦除】过渡效果，如图 4-109 所示。

图 4-108　设置当前时间及参数　　　　　　　　　　　　　　　　图 4-109　选择【径向擦除】效果

07 将其拖曳至【序列】面板中两个素材之间，如图 4-110 所示。

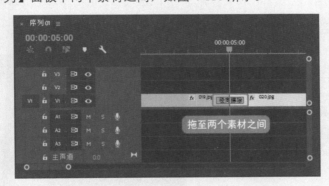

图 4-110　拖曳至素材之间

4.3.5　【插入】切换效果

【插入】切换效果是斜角擦除以显示图像 A 下面的图像 B，如图 4-111 所示。

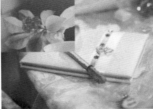

图 4-111　【插入】切换效果

01 新建项目后，在菜单栏中单击【文件】按钮，在弹出的下拉列表中执行【新建】|【序列】命令，如图 4-112 所示。

02 在打开的【新建序列】对话框中选择 DV-PAL|【标准 48kHz】选项，其他保持默认设置，单击【确定】按钮，如图 4-113 所示。

图 4-112 执行【序列】命令　　　　　　　　　　　图 4-113 【新建序列】对话框

03 在【项目】面板的空白处双击，打开【导入】对话框，选择"素材 \Cha04\021.jpg、022.jpg"文件，单击【打开】按钮，如图 4-114 所示。

04 将导入的素材拖曳至【序列】面板的视频轨道 V1 中，选中 021.jpg 素材文件，将当前时间设置为 00:00:00:00，切换到【效果控件】面板，将【缩放】设置为 165，如图 4-115 所示。

图 4-114 选择素材文件　　　　　　　　　　　图 4-115 设置【缩放】参数

05 选中 022.jpg 素材文件，将当前时间设置为 00:00:05:00，切换到【效果控件】面板，将【缩放】设置为 174，【位置】设置为 394、288，如图 4-116 所示。

06 切换到【效果】面板，打开【视频过渡】文件夹，选择【擦除】下的【插入】过渡效果，如图 4-117 所示。

图 4-116 设置参数　　　　　　　　　　　图 4-117 选择【插入】效果

07 将其拖曳至【序列】面板的两个素材之间，如图 4-118 所示。

图 4-118　拖曳至素材之间

4.3.6　【时钟式擦除】切换效果

【时钟式擦除】切换效果使图像 A 以时钟放置方式过渡到图像 B，如图 4-119 所示。

01 新建项目后，在菜单栏中单击【文件】按钮，在弹出的下拉列表中执行【新建】|【序列】命令，如图 4-120 所示。

图 4-119　【时钟式擦除】效果

图 4-120　执行【序列】命令

02 在打开的【新建序列】对话框中选择 DV-PAL|【标准 48kHz】选项，其他保持默认设置，单击【确定】按钮，如图 4-121 所示。

03 在【项目】面板的空白处双击，打开【导入】对话框，选择"素材 \Cha04\023.jpg、024.jpg"文件，单击【打开】按钮，如图 4-122 所示。

图 4-121　【新建序列】对话框

图 4-122　选择素材文件

04 将导入的素材拖曳至【序列】面板的视频轨道 V1 中，选中 023.jpg 素材文件，将当前时间设置为 00:00:00:00，切换到【效果控件】面板，将【缩放】设置为 49，【位置】设置为 360、263，如图 4-123 所示。

05 选中 024.jpg 素材文件，将当前时间设置为 00:00:05:00，切换到【效果控件】面板，将【缩放】设置为 173，【位置】设置为 360、287，如图 4-124 所示。

图 4-123 设置参数　　　　　　　　　　　　　图 4-124 设置参数

06 切换到【效果】面板，打开【视频过渡】文件夹，选择【擦除】下的【时钟式擦除】过渡效果，如图 4-125 所示。

07 将其拖曳至【序列】面板的两个素材之间，如图 4-126 所示。

 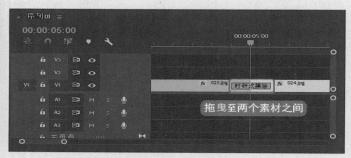

图 4-125 选择【时钟式擦除】效果　　　　　　　图 4-126 拖曳至素材之间

4.3.7 【棋盘擦除】切换效果

【棋盘擦除】切换效果是以棋盘显示图像 A 下面的图像 B，如图 4-127 所示。

01 新建项目后，在菜单栏中单击【文件】按钮，在弹出的下拉列表中执行【新建】|【序列】命令，如图 4-128 所示。

图 4-127 【棋盘擦除】切换效果　　　　　　　图 4-128 执行【序列】命令

02 在打开的【新建序列】对话框中选择 DV-PAL|【标准 48kHz】选项，其他保持默认设置，单击【确定】按钮，如图 4-129 所示。

03 在【项目】面板的空白处双击，打开【导入】对话框，选择 "CDROM\ 素材 \Cha04\025.jpg、026.jpg" 文件，单击【打开】按钮，如图 4-130 所示。

图 4-129 【新建序列】对话框　　　　　　　　　　图 4-130 选择素材文件

04 将导入的素材拖曳至【序列】面板的视频轨道 V1 中，选中 025.jpg 素材文件，将当前时间设置为 00:00:00:00，切换到【效果控件】面板，将【缩放】设置为 146，如图 4-131 所示。

05 选中 026.jpg 素材文件，将当前时间设置为 00:00:05:00，切换到【效果控件】面板，将【缩放】设置为 160，如图 4-132 所示。

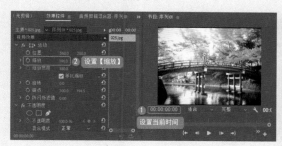
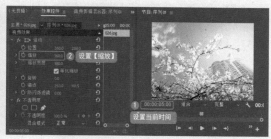

图 4-131 设置【缩放】参数　　　　　　　　　　图 4-132 设置【缩放】参数

06 切换到【效果】面板，打开【视频过渡】文件夹，选择【擦除】下的【棋盘擦除】过渡效果，如图 4-133 所示。

07 将其拖曳至【序列】面板中两个素材之间，如图 4-134 所示。

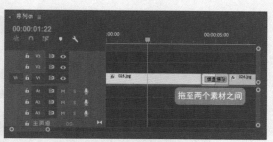

图 4-133 选择【棋盘擦除】效果　　　　　　　　图 4-134 拖曳至素材之间

■ 4.3.8 【棋盘】切换效果

【棋盘】切换效果使图像 A 以棋盘消失过渡到图像 B，如图 4-135 所示。

01 新建项目后，在菜单栏中单击【文件】按钮，在弹出的下拉列表中执行【新建】|【序列】命令，如图 4-136 所示。

图 4-135 【棋盘】切换效果　　　　　　　　　　图 4-136 执行【序列】命令

02 在打开的【新建序列】对话框中选择 DV-PAL|【标准 48kHz】选项，其他保持默认设置，单击【确定】按钮，如图 4-137 所示。

03 在【项目】面板的空白处双击，打开【导入】对话框，选择"CDROM\ 素材 \Cha04\027.jpg、028.jpg"文件，单击【打开】按钮，如图 4-138 所示。

图 4-137 【新建序列】对话框　　　　　　　　　图 4-138 选择素材文件

04 将导入的素材拖曳至【序列】面板的视频轨道 V1 中，选中 027.jpg 素材文件，将当前时间设置为 00:00:00:00，切换到【效果控件】面板，将【缩放】设置为 85，如图 4-139 所示。

图 4-139 设置【缩放】参数

05 选中 028.jpg 素材文件，将当前时间设置为 00:00:05:00，切换到【效果控件】面板，将【缩放】设置为 77，如图 4-140 所示。

图 4-140 设置【缩放】参数

06 切换到【效果】面板，打开【视频过渡】文件夹，选择【擦除】下的【棋盘】过渡效果，如图 4-141 所示。

07 将其拖曳至【序列】面板中两个素材之间，如图 4-142 所示。

图 4-141 选择【棋盘】效果

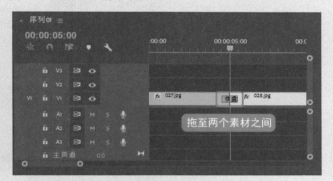

图 4-142 拖曳至素材之间

4.3.9 【楔形擦除】切换效果

【楔形擦除】切换效果是从图像 A 的中心开始擦除，以显示图像 B，如图 4-143 所示。

01 新建项目后，在菜单栏中单击【文件】按钮，在弹出的下拉列表中执行【新建】|【序列】命令，如图 4-144 所示。

图 4-143 【楔形擦除】效果

图 4-144 执行【序列】命令

02 在打开的【新建序列】对话框中选择DV-PAL|【标准48kHz】选项，其他保持默认设置，单击【确定】按钮，如图4-145所示。

03 在【项目】面板的空白处双击，打开【导入】对话框，选择"素材\Cha04\029.jpg、030.jpg"文件，单击【打开】按钮，如图4-146所示。

图4-145 【新建序列】对话框

图4-146 选择素材文件

04 将导入的素材拖曳至【序列】面板的视频轨道V1中，选中029.jpg素材文件，将当前时间设置为00:00:00:00，切换到【效果控件】面板，将【缩放】设置为77，如图4-147所示。

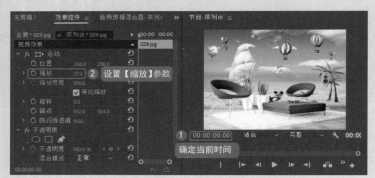

图4-147 设置【缩放】参数

05 选中030.jpg素材文件，将当前时间设置为00:00:05:00，切换到【效果控件】面板，将【缩放】设置为82，如图4-148所示。

图4-148 设置【缩放】参数

06 切换到【效果】面板，打开【视频过渡】文件夹，选择【擦除】下的【楔形擦除】过渡效果，如图 4-149 所示。

07 将其拖曳至【序列】面板中两个素材之间，如图 4-150 所示。

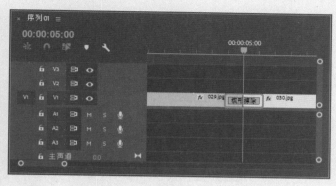

图 4-149 选择【楔形擦除】效果　　　　　　　　　　图 4-150 拖曳至素材之间

■ 4.3.10 【随机擦除】切换效果

【随机擦除】切换效果使图像 B 从图像 A 一边随机出现扫走图像 A，如图 4-151 所示。

图 4-151 【随机擦除】效果

01 新建项目后，在菜单栏中单击【文件】按钮，在弹出的下拉列表中执行【新建】|【序列】命令，如图 4-152 所示。

02 在打开的【新建序列】对话框中选择 DV-PAL|【标准 48kHz】选项，其他保持默认设置，单击【确定】按钮，如图 4-153 所示。

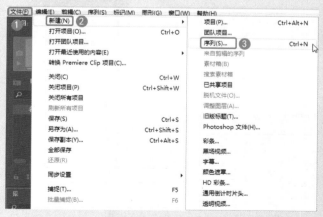

图 4-152 执行【序列】命令　　　　　　　　　　图 4-153 【新建序列】对话框

03 在【项目】面板的空白处双击，打开【导入】对话框，选择"素材\Cha04\031.jpg、032.jpg"文件，单击【打开】按钮，如图 4-154 所示。

04 将导入后的素材拖曳至【序列】面板的视频轨道 V1 中，选中 031.jpg 素材文件，将当前时间设置为 00:00:00:00，切换到【效果控件】面板，将【缩放】设置为 165，【位置】设置为 360、291，如图 4-155 所示。

图 4-154　选择素材文件

图 4-155　设置参数

05 选中 032.jpg 素材文件，将当前时间设置为 00:00:05:00，切换到【效果控件】面板，将【缩放】设置为 160，如图 4-156 所示。

06 切换到【效果】面板，打开【视频过渡】文件夹，选择【擦除】下的【随机擦除】过渡效果，如图 4-157 所示。

图 4-156　设置【缩放】参数

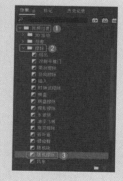

图 4-157　选择【随机擦除】效果

07 将其拖曳至【序列】面板中两个素材之间，如图 4-158 所示。

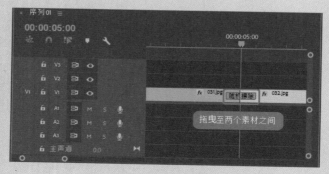

图 4-158　拖曳至素材之间

4.3.11 【水波块】切换效果

【水波块】切换效果是来回进行块擦除，以显示图像 A 下面的图像 B，如图 4-159 所示。

图 4-159 【水波块】效果

01 新建项目后，在菜单栏中单击【文件】按钮，在弹出的下拉列表中执行【新建】|【序列】命令，如图 4-160 所示。

02 在打开的【新建序列】对话框中选择 DV-PAL|【标准 48kHz】选项，其他保持默认设置，然后单击【确定】按钮，如图 4-161 所示。

图 4-160 执行【序列】命令　　　　　　　　　图 4-161 【新建序列】对话框

03 在【项目】面板的空白处双击，打开【导入】对话框，选择"素材 \Cha04\033.jpg、034.jpg"文件，单击【打开】按钮，如图 4-162 所示。

04 将导入的素材拖曳至【序列】面板的视频轨道 V1 中，选中 033.jpg 素材文件，将当前时间设置为 00:00:00:00，切换到【效果控件】面板，将【缩放】设置为 77，如图 4-163 所示。

图 4-162 选择素材文件　　　　　　　　　图 4-163 设置【缩放】参数

05 选中 034.jpg 素材文件，将当前时间设置为 00:00:05:00，切换到【效果控件】面板，将【缩放】设置为 185，如图 4-164 所示。

06 切换到【效果】面板，打开【视频过渡】文件夹，选择【擦除】下的【水波块】过渡效果，如图 4-165 所示。

图 4-164　设置【缩放】参数　　　　　　　　　　图 4-165　选择【水波块】效果

07 将其拖曳至【序列】面板中两个素材之间，如图 4-166 所示。

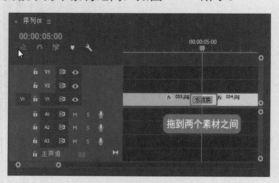

图 4-166　拖曳至素材之间

■ 4.3.12　【油漆飞溅】切换效果

【油漆飞溅】切换效果如图 4-167 所示。

图 4-167　【油漆飞溅】效果

01 新建项目后，在菜单栏中单击【文件】按钮，在弹出的下拉列表中执行【新建】|【序列】命令，如图 4-168 所示。

02 在打开的对话框中选择 DV-PAL|【标准 48kHz】选项，其他保持默认设置，单击【确定】按钮，如图 4-169 所示。

图 4-168　执行【序列】命令　　　　　　　　　　图 4-169　【新建序列】对话框

03 在【项目】面板的空白处双击，打开【导入】对话框，选择 "素材\Cha04\035.jpg、036.jpg" 文件，单击【打开】按钮即可导入，如图 4-170 所示。

04 将导入的素材拖曳至【序列】面板的视频轨道 V1 中，选中 035.jpg 素材文件，当前时间设置为 00:00:00:00，切换到【效果控件】面板，将【缩放】设置为 78，如图 4-171 所示。

图 4-170　选择素材文件　　　　　　　　　　图 4-171　设置【缩放】参数

05 选中 036.jpg 素材文件，将当前时间设置为 00:00:05:00，切换到【效果控件】面板，将【缩放】设置为 81，如图 4-172 所示。

图 4-172　设置【缩放】参数

06 切换到【效果】面板，打开【视频过渡】文件夹，选择【擦除】下的【油漆飞溅】过渡效果，如图 4-173 所示。

07 将其拖曳至【序列】面板中两个素材之间，如图 4-174 所示。

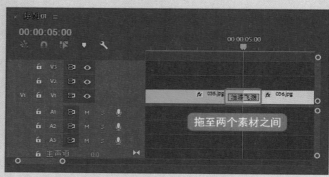

图 4-173 选择【油漆飞溅】效果　　　　　　　　　　图 4-174 拖曳至素材之间

4.3.13 【百叶窗】切换效果

【百叶窗】过渡效果如图 4-175 所示。

图 4-175 【百叶窗】效果

01 新建项目后，在菜单栏中单击【文件】按钮，在弹出的下拉列表中执行【新建】|【序列】命令，如图 4-176 所示。

02 在打开的【新建序列】对话框中选择 DV-PAL|【标准 48kHz】选项，其他保持默认设置，单击【确定】按钮，如图 4-177 所示。

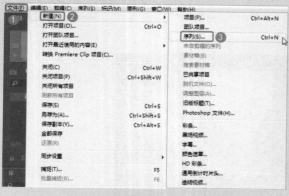

图 4-176 执行【序列】命令　　　　　　　　　　图 4-177 【新建序列】对话框

03 在【项目】面板的空白处双击，打开【导入】对话框，选择"素材\Cha04\037.jpg、038.jpg"文件，单击【打开】按钮，如图 4-178 所示。

04 将导入的素材拖曳至【序列】面板的视频轨道 V1 中，选中 037.jpg 素材文件，将当前时间设置为 00:00:00:00，切换到【效果控件】面板，将【缩放】设置为 105，如图 4-179 所示。

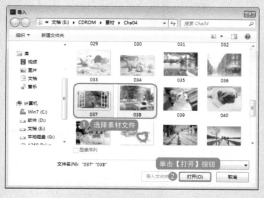

图 4-178 选择素材文件　　　　　　　　　　　　　图 4-179 设置【缩放】参数

05 选中 038.jpg 素材文件，将当前时间设置为 00:00:05:00，切换到【效果控件】面板，将【缩放】设置为 80，如图 4-180 所示。

06 切换到【效果】面板，打开【视频过渡】文件夹，选择【擦除】下的【百叶窗】过渡效果，如图 4-181 所示。

图 4-180 设置【缩放】参数　　　　　　　　　　　图 4-181 选择【百叶窗】效果

07 将其拖曳至【序列】面板中两个素材之间，如图 4-182 所示。

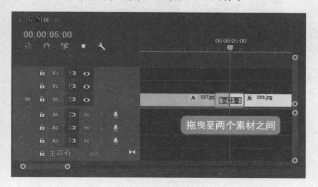

图 4-182 拖曳至素材之间

4.3.14 【风车】切换效果

【风车】切换效果是从图像 A 的中心进行多次扫掠擦除，以显示图像 B，如图 4-183 所示。

图 4-183 【风车】效果

01 新建项目后，在菜单栏中单击【文件】按钮，在弹出的下拉列表中执行【新建】|【序列】命令，如图 4-184 所示。

02 在打开的对话框中选择 DV-PAL|【标准 48kHz】选项，其他保持默认设置，单击【确定】按钮，如图 4-185 所示。

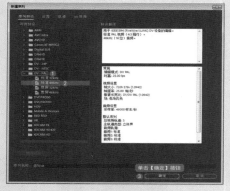

图 4-184 执行【序列】命令　　　　　　　　　　图 4-185 【新建序列】对话框

03 在【项目】面板的空白处双击，打开【导入】对话框，选择 "CDROM\ 素材 \Cha04\039.jpg、040.jpg" 文件，单击【打开】按钮，如图 4-186 所示。

04 将导入后的素材拖曳至【序列】面板的视频轨道 V1 中，选中 039.jpg 素材文件，将当前时间设置为 00:00:00:00，切换到【效果控件】面板，将【缩放】设置为 120，如图 4-187 所示。

图 4-186 选择素材文件　　　　　　　　　　　图 4-187 设置【缩放】

05 选中 040.jpg 素材文件,将当前时间设置为 00:00:05:00,切换到【效果控件】面板,将【缩放】设置为 195,如图 4-188 所示。

图 4-188 设置【缩放】参数

06 切换到【效果】面板,打开【视频过渡】文件夹,选择【擦除】下的【风车】过渡效果,如图 4-189 所示。

07 将其拖曳至【序列】面板中两个素材之间,如图 4-190 所示。

图 4-189 选择【风车】效果

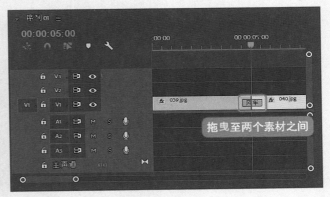

图 4-190 拖曳至素材之间

4.3.15 【渐变擦除】切换效果

【渐变擦除】切换效果按照选定图像的渐变柔和擦除,如图 4-191 所示。

图 4-191 【渐变擦除】效果

01 新建项目后,在菜单栏中单击【文件】按钮,在弹出的下拉列表中执行【新建】|【序列】命令,如图 4-192 所示。

02 在打开的对话框中选择 DV-PAL|【标准 48kHz】选项,其他保持默认设置,单击【确定】按钮,如图 4-193 所示。

图 4-192 执行【序列】命令

图 4-193 【新建序列】对话框

03 在【项目】面板的空白处双击，打开【导入】对话框，选择"素材\Cha04\041.jpg、042.jpg"文件，单击【打开】按钮，如图 4-194 所示。

04 将导入的素材拖至【序列】面板的视频轨道 V1 中，选中 041.jpg 素材文件，将当前时间设置为 00:00:00:00，切换到【效果控件】面板，将【缩放】设置为 80，如图 4-195 所示。

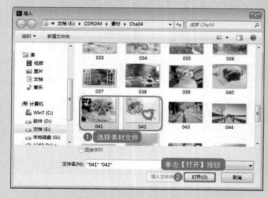

图 4-194 选择素材文件

图 4-195 设置【缩放】

05 选中 042.jpg 素材文件，将当前时间设置为 00:00:05:00，切换到【效果控件】面板，将【缩放】设置为 77，如图 4-196 所示。

06 切换到【效果】面板，打开【视频过渡】文件夹，选择【擦除】下的【渐变擦除】过渡效果，如图 4-197 所示。

图 4-196 设置【缩放】参数

图 4-197 选择【渐变擦除】效果

07 将其拖曳至【序列】面板中两个素材之间，打开【渐变擦除设置】对话框，单击【选择图像】按钮，如图 4-198 所示。

08 打开【打开】对话框，选择"CDROM\ 素材 \Cha04\A01.jpg"文件，单击【打开】按钮，如图 4-199 所示。

图 4-198　【渐变擦除设置】对话框　　　　　　图 4-199　【打开】对话框

09 返回到【渐变擦除设置】对话框，将【柔和度】设置为 15，单击【确定】按钮，即可将其添加到两个素材之间，如图 4-200 所示。

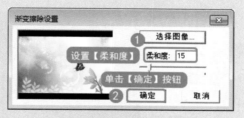

图 4-200　设置【柔和度】参数

■ 4.3.16　【螺旋框】切换效果

【螺旋框】切换效果是以螺旋框形状擦除，以显示图像 A 下面的图像 B，如图 4-201 所示。

图 4-201　【螺旋框】效果

01 新建项目后，在菜单栏中单击【文件】按钮，在弹出的下拉列表中执行【新建】|【序列】命令，如图 4-202 所示。

02 在打开的【新建序列】对话框中选择 DV-PAL|【标准 48kHz】选项，其他保持默认设置，单击【确定】按钮，如图 4-203 所示。

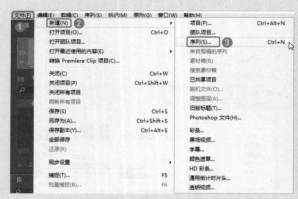

图 4-202 执行【序列】命令　　　　　　　　　　图 4-203 【新建序列】对话框

03 在【项目】面板的空白处双击，打开【导入】对话框，选择"素材 \Cha04\043.jpg、044.jpg"文件，单击【打开】按钮，如图 4-204 所示。

04 将导入的素材拖曳至【序列】面板的视频轨道 V1 中，选中 043.jpg 素材文件，将当前时间设置为 00:00:00:00，切换到【效果控件】面板，将【缩放】设置为 185，【位置】设置为 415、288，如图 4-205 所示。

图 4-204 选择素材文件　　　　　　　　　　图 4-205 设置参数

05 选中 044.jpg 素材文件，将当前时间设置为 00:00:05:00，切换到【效果控件】面板，将【缩放】设置为 95，如图 4-206 所示。

06 切换到【效果】面板，打开【视频过渡】文件夹，选择【擦除】下的【螺旋框】过渡效果，如图 4-207 所示。

图 4-206 设置【缩放】参数　　　　　　　　　图 4-207 选择【螺旋框】效果

07 将其拖曳至【序列】面板中两个素材之间，如图 4-208 所示。

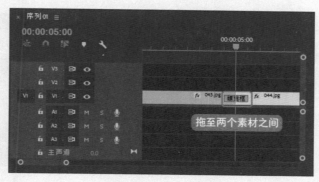

图 4-208　拖曳至素材之间

■ 4.3.17　【随机块】切换效果

【随机块】切换效果是出现随机块，以显示图像 A 下面的图像 B，如图 4-209 所示。具体操作步骤如下。

图 4-209　【随机块】效果

01 新建项目后，在菜单栏中单击【文件】按钮，在弹出的下拉列表中执行【新建】|【序列】命令，如图 4-210 所示。

02 在打开的对话框中选择 DV-PAL|【标准 48kHz】选项，其他保持默认设置，单击【确定】按钮，如图 4-211 所示。

图 4-210　执行【序列】命令

图 4-211　【新建序列】对话框

03 在【项目】面板的空白处双击，打开【导入】对话框，选择 "CDROM\ 素材 \Cha04\045.jpg、046.jpg" 文件，单击【打开】按钮，如图 4-212 所示。

04 将导入的素材拖曳至【序列】面板的视频轨道 V1 中，选中 045.jpg 素材文件，将当前时间设置为 00:00:00:00，切换到【效果控件】面板，将【缩放】设置为 75，【位置】设置为 436、288，如图 4-213 所示。

图 4-212　选择素材文件　　　　　　　　　　　　　　图 4-213　设置参数

05 选中 046.jpg 素材文件，将当前时间设置为 00:00:05:00，切换到【效果控件】面板，将【缩放】设置为 173，如图 4-214 所示。

06 切换到【效果】面板，打开【视频过渡】文件夹，选择【擦除】下的【随机块】过渡效果，如图 4-215 所示。

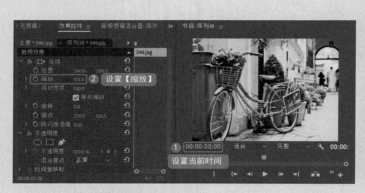

图 4-214　设置【缩放】参数　　　　　　　　　　　图 4-215　选择【随机块】效果

07 将其拖曳至【序列】面板中两个素材之间，如图 4-216 所示。

图 4-216　拖曳至素材之间

4.4　溶解

本节将详细讲解【溶解】转场特效，其中包括 MorphCut、交叉溶解、叠加溶解、胶片溶解、渐隐为白色、渐隐为黑色、非叠加溶解。

4.4.1 MorphCut 切换效果

MorphCut 是 Premiere Pro 中的一种视频过渡效果，通过在原声摘要之间平滑跳切，帮助创建更加完美的访谈，如图 4-217 所示。其操作步骤如下。

01 在【项目】面板的空白处双击，打开【导入】对话框，选择"CDROM\ 素材 \Cha04\047.jpg、048.jpg"素材文件，单击【打开】按钮，如图 4-218 所示。

图 4-217 MorphCut 效果

图 4-218 选择素材文件

02 在菜单栏中单击【文件】按钮，在弹出的下拉列表中执行【新建】|【序列】命令，如图 4-219 所示。

03 在打开的对话框中选择 DV-PAL|【标准 48kHz】选项，将打开的素材拖入【序列】面板中的视频轨道，如图 4-220 所示。

图 4-219 执行【序列】命令

图 4-220 将素材拖入视频轨道

04 切换到【效果】面板，打开【视频过渡】文件夹，选择【溶解】下的 MorphCut 过渡效果，如图 4-221 所示。

05 将其拖曳至【序列】面板的两个素材之间，如图 4-222 所示。

图 4-221 选择 MorphCut 效果

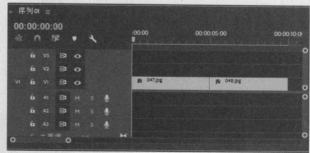

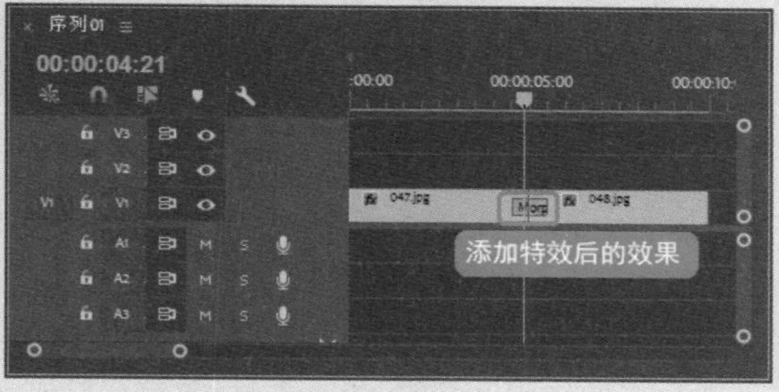

图 4-222 拖曳至素材之间

■ 4.4.2 【交叉溶解】切换效果

【交叉溶解】切换效果是两个素材溶解转换，即前一个素材逐渐消失，同时后一个素材逐渐显示，如图 4-223 所示，具体操作步骤如下。

图 4-223 【交叉溶解】效果

01 在【项目】面板的空白处双击，打开【导入】对话框，选择"素材 \Cha04\049.jpg、050.jpg"文件，单击【打开】按钮，如图 4-224 所示。

02 在菜单栏中单击【文件】按钮，在弹出的下拉列表中执行【新建】|【序列】命令，如图 4-225 所示。

图 4-224 选择素材文件

图 4-225 执行【序列】命令

03 在打开的对话框中选择 DV-PAL|【标准 48kHz】选项，然后将打开后的素材拖曳至【序列】面板中的视频轨道，如图 4-226 所示。

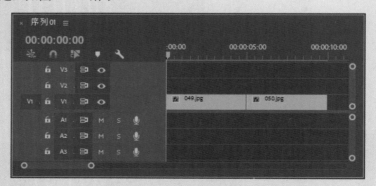

图 4-226 将素材拖入视频轨道

04 切换到【效果】面板，打开【视频过渡】文件夹，选择【溶解】下的【交叉溶解】过渡效果，如图 4-227 所示。

05 将其拖曳至【序列】面板两个素材之间，如图 4-228 所示。

图 4-227 选择【交叉溶解】效果　　　　　　　图 4-228 添加特效

4.4.3 【胶片溶解】切换效果

【胶片溶解】切换效果使素材产生胶片朦胧的效果切换至另一个素材，如图 4-229 所示。具体操作步骤如下。

01 在【项目】面板的空白处双击，打开【导入】对话框，选择 "CDROM\ 素材 \Cha04\051.jpg、052.jpg" 素材文件，单击【打开】按钮，如图 4-230 所示。

图 4-229 【胶片溶解】效果　　　　　　　　　图 4-230 选择素材文件

02 在菜单栏中单击【文件】按钮，在弹出的下拉列表中执行【新建】|【序列】命令，如图 4-231 所示。

03 在打开的对话框中选择 DV-PAL|【标准 48kHz】选项，然后将打开后的素材拖入【序列】面板中的视频轨道，如图 4-232 所示。

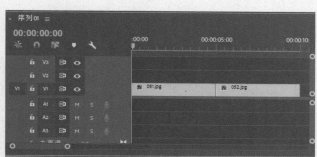

图 4-231 执行【序列】命令　　　　　　　　　图 4-232 将素材拖入视频轨道

04 切换到【效果】面板，打开【视频过渡】文件夹，选择【溶解】下的【胶片溶解】过渡效果，如图 4-233 所示。

05 将其拖曳至【序列】面板的两个素材之间，如图 4-234 所示。

图 4-233　选择【胶片溶解】效果　　　　　　　　　　　　　　图 4-234　拖曳至素材之间

■ 4.4.4　【非叠加溶解】切换效果

【非叠加溶解】切换效果是使图像 A 的明亮度映射到图像 B，如图 4-235 所示。具体操作步骤如下。

01 在【项目】面板的空白处双击，打开【导入】对话框，选择 "CDROM\ 素材 \Cha04\053.jpg、054.jpg" 素材文件，单击【打开】按钮，如图 4-236 所示。

图 4-235　【非叠加溶解】效果　　　　　　　　　　　　　　　图 4-236　选择素材文件

02 在菜单栏中单击【文件】按钮，在弹出的下拉列表中执行【新建】|【序列】命令，如图 4-237 所示。

03 在打开的对话框中选择 DV-PAL|【标准 48kHz】选项，然后将打开后的素材拖曳至【序列】面板中的视频轨道，如图 4-238 所示。

图 4-237　执行【序列】命令　　　　　　　　　　　　　　　图 4-238　将素材插入视频轨道

04 切换到【效果】面板，打开【视频过渡】文件夹，选择【溶解】下的【非叠加溶解】过渡效果，如图 4-239 所示。

05 将其拖曳至【序列】面板的两个素材之间，如图 4-240 所示。

图 4-239　选择【非叠加溶解】效果　　　　　　　图 4-240　拖曳至素材之间

■ 4.4.5　【渐隐为白色】切换效果

【渐隐为白色】切换效果与【渐隐为黑色】相似，它可以使前一个素材逐渐变白，然后一个素材由白逐渐显示，如图 4-241 所示。

图 4-241　【渐隐为白色】效果

01 新建项目后，在菜单栏中单击【文件】按钮，在弹出的下拉列表中执行【新建】|【序列】命令，如图 4-242 所示。

02 在打开的【新建序列】对话框中选择 DV-PAL|【标准 48kHz】选项，其他保持默认设置，单击【确定】按钮，如图 4-243 所示。

图 4-242　执行【序列】命令　　　　　　　图 4-243　【新建序列】对话框

03 在【项目】面板的空白处双击，打开【导入】对话框，选择"CDROM\ 素材 \Cha04\055.jpg、056.jpg"文件，单击【打开】按钮，如图 4-244 所示。

04 切换到【效果】面板，打开【视频过渡】文件夹，选择【溶解】下的【渐隐为白色】过渡效果，如图 4-245 所示。

图 4-244　选择素材文件　　　　图 4-245　选择【渐隐为白色】效果

05 将其拖曳至【序列】面板中两个素材之间，如图 4-246 所示。

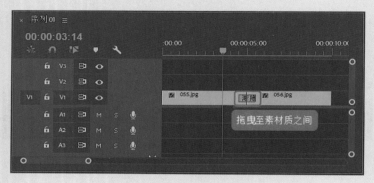

图 4-246　拖曳至素材之间

4.4.6　【渐隐为黑色】切换效果

【渐隐为黑色】切换效果使前一个素材逐渐变黑，然后一个素材由黑逐渐显示，如图 4-247 所示。具体操作步骤如下。

图 4-247　【渐隐为黑色】效果

01 在【项目】面板的空白处双击，打开【导入】对话框，选择"CDROM\ 素材 \Cha04\057.jpg、058.jpg"素材文件，单击【打开】按钮，如图 4-248 所示。

图 4-248　选择素材文件

02 在菜单栏中单击【文件】按钮，在弹出的下拉列表中执行【新建】|【序列】命令，如图 4-249 所示。

03 在打开的对话框中选择 DV-PAL|【标准 48kHz】选项，然后将打开后的素材拖曳到【序列】面板中的视频轨道，如图 4-250 所示。

图 4-249　选择【序列】命令

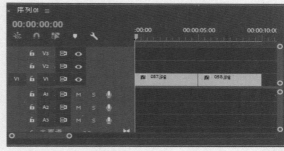

图 4-250　将素材拖入视频轨道

04 切换到【效果】面板，打开【视频过渡】文件夹，选择【溶解】下的【渐隐为黑色】过渡效果，如图 4-25 所示。

05 将其拖曳至【序列】面板的两个素材之间，如图 4-252 所示。

图 4-251　选择【渐隐为黑色】效果

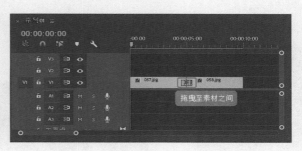

图 4-252　拖曳至素材之间

■ 4.4.7　【叠加溶解】切换效果

【叠加溶解】切换效果是图像 A 渐隐于图像 B，如图 4-253 所示。具体操作步骤如下。

01 在【项目】面板的空白处双击，打开【导入】对话框，选择"素材\Cha04\059.jpg、060.jpg"素材文件，单击【打开】按钮，如图 4-254 所示。

图 4-253 【叠加溶解】效果

图 4-254 选择素材文件

02 在菜单栏中单击【文件】按钮，在弹出的下拉列表中执行【新建】|【序列】命令，如图 4-255 所示。

03 在打开的对话框中选择 DV-PAL|【标准 48kHz】选项，然后将打开后的素材拖入【序列】面板中的视频轨道，如图 4-256 所示。

图 4-255 执行【序列】命令

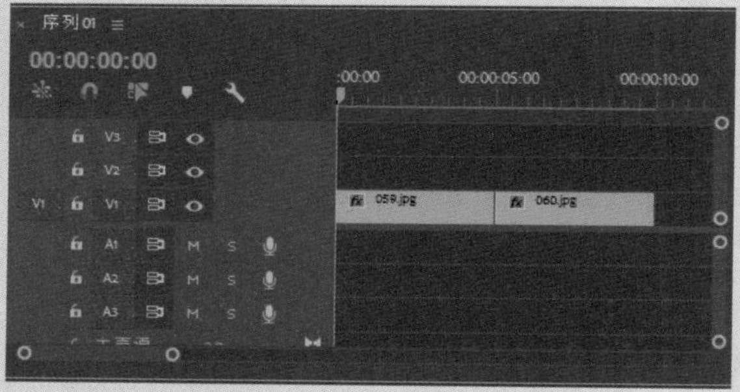

图 4-256 将素材拖入视频轨道

04 切换到【效果】面板，打开【视频过渡】文件夹，选择【溶解】下的【叠加溶解】过渡效果，如图 4-257 所示。

05 将其拖曳至【序列】面板的两个素材之间，如图 4-258 所示。

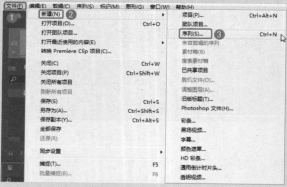

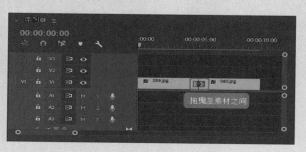

图 4-257 选择【叠加溶解】效果

图 4-258 拖曳至素材之间

4.5 滑动

在【滑动】文件夹中共包括 5 种视频过渡效果。其中包括中心拆分、带状滑动、拆分、推、滑动。

4.5.1 【中心拆分】切换效果

【中心拆分】切换效果是将图像 A 分成四部分，并滑动到角落以显示图像 B，如图 4-259 所示。具体操作步骤如下。

01 在【项目】面板的空白处双击，打开【导入】对话框，选择"素材\Cha04\061.jpg、062.jpg"文件，单击【打开】按钮，如图 4-260 所示。

图 4-259　【中心拆分】效果

图 4-260　选择素材文件

02 在菜单栏中单击【文件】按钮，在弹出的下拉列表中执行【新建】|【序列】命令，如图 4-261 所示。

03 在打开的对话框中选择 DV-PAL|【标准 48kHz】选项，然后将打开后的素材拖入【序列】面板中的视频轨道，如图 4-262 所示。

图 4-261　执行【序列】命令

图 4-262　将素材拖入视频轨道

04 切换到【效果】面板，打开【视频过渡】文件夹，选择【滑动】下的【中心拆分】过渡效果，如图 4-263 所示。

05 将其拖曳至【序列】面板的两个素材之间，如图 4-264 所示。

图 4-263　选择【中心拆分】效果

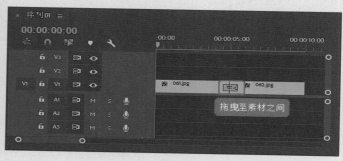

图 4-264　拖曳至素材之间

■ 4.5.2　【带状滑动】切换效果

【带状滑动】切换效果是将图像 B 在水平、垂直或对角线方向上以条形滑入，逐渐覆盖图像 A，如图 4-265 所示。具体操作步骤如下。

图 4-265　【带状滑动】效果

01 新建项目和序列文件（DV-PAL|【标准 48kHz】），打开 063.jpg、064.jpg 素材文件，并将其拖入【序列】面板中的视频轨道。

02 切换到【效果】面板，打开【视频过渡】文件夹，选择【滑动】下的【带状滑动】过渡效果，将其拖曳至【序列】面板的两个素材之间，如图 4-266 所示。

03 切换到【效果控件】面板，单击【自定义】按钮，打开【带状滑动设置】对话框，将【带数量】设置为 10，如图 4-267 所示。

图 4-266　添加过渡效果

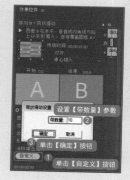

图 4-267　【带状滑动设置】对话框

4.5.3 【拆分】切换效果

【拆分】切换效果是将图像 A 拆分并滑动到两边，显示到图像 B。具体操作步骤如下。

01 新建项目和序列文件（DV-PAL|【标准 48kHz】），打开 065.jpg、066.jpg 素材文件，并将其拖入【序列】面板中的视频轨道。

02 切换到【效果】面板，打开【视频过渡】文件夹，选择【滑动】下的【拆分】过渡效果，将其拖曳至【序列】面板的两个素材之间。

03 按空格键进行播放，如图 4-268 所示。

图 4-268 【拆分】效果

4.5.4 【推】切换效果

【推】切换效果是图像 B 将图像 A 推到一边，如图 4-269 所示。具体操作步骤如下。

图 4-269 【推】效果

01 在【项目】面板的空白处双击，打开【导入】对话框，选择 "CDROM\ 素材 \Cha04\067.jpg、068.jpg" 文件，如图 4-270 所示。

02 在菜单栏中单击【文件】按钮，在弹出的下拉列表中执行【新建】|【序列】命令，如图 4-271 所示。

图 4-270 选择素材文件

图 4-271 执行【序列】命令

03 在打开的对话框中选择 DV-PAL|【标准 48kHz】选项，然后将打开后的素材拖入【序列】面板中的视频轨道，如图 4-272 所示。

04 切换到【效果】面板，打开【视频过渡】文件夹，选择【滑动】下的【推】过渡效果，如图 4-273 所示。

图 4-272 将素材拖入视频轨道

图 4-273 选择【推】效果

05 将其拖曳至【序列】面板的两个素材之间，如图 4-274 所示。

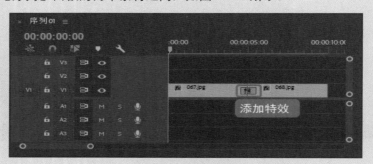

图 4-274 拖曳至素材之间

4.5.5 【滑动】切换效果

【滑动】切换效果是将图像 B 滑动到图像 A 上面，如图 4-275 所示。具体操作步骤如下。

图 4-275 【滑动】切换效果

01 新建项目和序列文件（DV-PAL|标准 48kHz），打开 069.jpg、070.jpg 素材文件，并将其拖入【序列】面板中的视频轨道。

02 切换到【效果】面板，打开【视频过渡】文件夹，选择【滑动】下的【滑动】过渡效果，将其拖曳至【序列】面板的两个素材之间。

03 按空格键进行播放。

4.6 缩放

　　本节将讲解【缩放】文件夹中的【交叉缩放】切换效果的使用。【交叉缩放】切换效果是将图像 A 放大，将图像 B 缩小，如图 4-276 所示。

01 新建项目后，在菜单栏中单击【文件】按钮，在弹出的下拉列表中执行【新建】|【序列】命令，如图 4-277 所示。

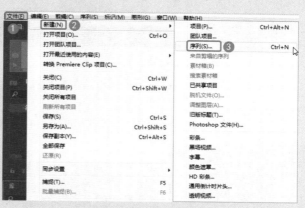

　　　　　图 4-276 【交叉缩放】效果　　　　　　　　　　图 4-277 执行【序列】命令

02 在打开的【新建序列】对话框中选择 DV-PAL|【标准 48kHz】选项，其他保持默认设置，单击【确定】按钮，如图 4-278 所示。

03 在【项目】面板的空白处双击，打开【导入】对话框，选择"素材\Cha04\071.jpg、072.png"文件，单击【打开】按钮，如图 4-279 所示。

　　　　　图 4-278 【新建序列】对话框　　　　　　　　　　图 4-279 选择素材文件

04 将导入的素材拖曳至【序列】面板的视频轨道 V1 中，选中 071.jpg 素材文件，将当前时间设置为 00:00:00:00，切换到【效果控件】面板，将【缩放】设置为 50，如图 4-280 所示。

05 选中 072.png 素材文件,将当前时间设置为 00:00:05:00,切换到【效果控件】面板,将【缩放】设置为 176,如图 4-281 所示。

图 4-280 设置【缩放】参数　　　　　　　　　　图 4-281 设置【缩放】参数

06 切换到【效果】面板,打开【视频过渡】文件夹,选择【缩放】下的【交叉缩放】过渡效果,如图 4-282 所示。

07 将其拖曳至【序列】面板中两个素材之间,如图 4-283 所示。

 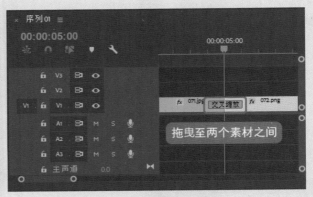

图 4-282 选择【交叉缩放】效果　　　　　图 4-283 拖曳至素材之间

4.7　页面剥落

本节将讲解【页面剥落】中的转场特效,【页面剥落】文件夹下共包括 2 个转场特效,分别为翻页和页面剥落。

■ 4.7.1　【翻页】切换效果

【翻页】切换效果和【页面剥落】切换效果类似,但是素材卷起时,页面剥落部分仍旧是这一素材,如图 4-284 所示。具体操作步骤如下。

01 新建项目后,在菜单栏中单击【文件】按钮,在弹出的下拉列表中选择【新建】|【序列】命令,如图 4-285 所示。

图 4-284 【翻页】效果

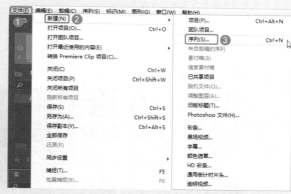

图 4-285 执行【序列】命令

02 在打开的【新建序列】对话框中选择 DV-PAL|【标准 48kHz】选项，其他保持默认设置，单击【确定】按钮，如图 4-286 所示。

03 在【项目】面板的空白处双击，打开【导入】对话框，选择"素材\Cha04\073.jpg、074.png"文件，单击【打开】按钮，如图 4-287 所示。

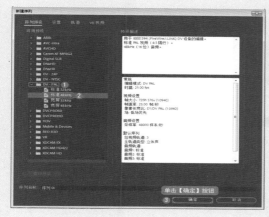

图 4-286 【新建序列】对话框

图 4-287 选择素材文件

04 将导入的素材拖入【序列】面板的视频轨道 V1 中，选中 073.jpg 素材文件，将当前时间设置为 00:00:00:00，切换到【效果控件】面板，将【缩放】设置为 50，如图 4-288 所示。

05 确定选中 074.png 素材文件，将当前时间设置为 00:00:05:00，切换到【效果控件】面板，将【缩放】设置为 75，【位置】设置为 461、288，如图 4-289 所示。

图 4-288 设置【缩放】参数

图 4-289 设置参数

06 切换到【效果】面板，打开【视频过渡】文件夹，选择【页面剥落】下的【翻页】过渡效果，如图 4-290 所示。

07 将其拖曳至【序列】面板中两个素材之间，如图 4-291 所示。

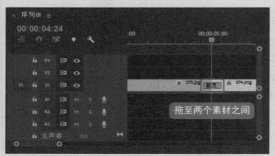

图 4-290　选择【翻页】效果　　　　　　　　　　　图 4-291　拖曳至素材之间

■ 4.7.2　【页面剥落】切换效果

【页面剥落】切换效果会产生页面剥落转换的效果，如图 4-292 所示。

图 4-292　【页面剥落】效果

01 新建项目后，在菜单栏中单击【文件】按钮，在弹出的下拉列表中执行【新建】|【序列】命令，如图 4-293 所示。

02 在打开的【新建序列】对话框中选择 DV-PAL|【标准48kHz】选项，其他保持默认设置，单击【确定】按钮，如图 4-294 所示。

图 4-293　执行【序列】命令　　　　　　　　　　　　图 4-294　【新建序列】对话框

03 在【项目】面板的空白处双击,打开【导入】对话框,选择"素材\Cha04\075.jpg、076.jpg"文件,单击【打开】按钮,如图 4-295 所示。

04 将导入后的素材拖入【序列】面板的视频轨道 V1 中,选中 075.jpg 素材文件,将当前时间设置为 00:00:00:00,切换到【效果控件】面板,将【缩放】设置为 28,如图 4-296 所示。

图 4-295 选择素材文件　　　　　　　　　　　图 4-296 设置【缩放】参数

05 选中 076.jpg 素材文件,将当前时间设置为 00:00:05:00,切换到【效果控件】面板,将【缩放】设置为 75,【位置】设置为 256、288,如图 4-297 所示。

06 切换到【效果】面板,打开【视频过渡】文件夹,选择【页面剥落】下的【页面剥落】过渡效果,如图 4-298 所示。

图 4-297 设置参数　　　　　　　　　　　图 4-298 选择【页面剥落】效果

07 将其拖曳至【序列】面板中两个素材之间,如图 4-299 所示。

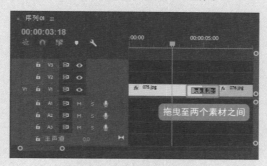

图 4-299 拖曳至素材之间

课后练习

项目练习 制作可爱猫咪影片

效果展示：

操作要领：

　　（1）为图片和文字设置位置关键帧；

　　（2）为图片和文字添加菱形划像效果；

　　（3）为图片添加拆分效果。

CHAPTER 05

制作节日影片——视频特效详解

本章概述 SUMMARY

■ 基础知识
- ✓ 【变换】视频特效
- ✓ 【图像控制】视频特效

■ 重点知识
- ✓ 【扭曲】视频特效
- ✓ 【杂波与颗粒】视频特效
- ✓ 【模糊和锐化】视频特效

■ 提高知识
- ✓ 【时间】视频特效
- ✓ 【视频】视频特效

本章讲解如何在影片中添加视频特效，影片好与坏，视频特效技术起着决定性的作用，巧妙地为影片施加各式各样的视频特技，可以赋予影片很强的视觉感染力，下面我们就看一下 Premiere Pro CC 2018 为我们提供的经典特效。

◎ 过渡视频特效

◎ 风格化特效

【入门必练】制作节日影片——视频特效详解

在本案例制作过程中，主要通过向轨道中添加素材，并设置轨道中素材的动画效果，向轨道中不同的素材上添加不同的切换特效，从而完成节日影片视频效果，如图 5-1 所示。

图 5-1 效果展示

01 新建项目和序列，将【序列】设置为 DV-24P|【标准 48kHz】选项。导入素材文件 H1.png~H3.png 和 H4.jpg、H5.png。在【项目】面板中单击鼠标右键，在弹出的快捷菜单中执行【新建项目】|【颜色遮罩】命令，在打开的对话框中保持默认设置，单击【确定】按钮。在打开的对话框中将 RGB 设置为 164、0、0，单击【确定】按钮，如图 5-2 所示。

02 打开对话框，保持默认设置，单击【确定】按钮，在菜单栏中执行【文件】|【新建】|【旧版标题】命令，打开【新建字幕】对话框，保持默认设置，单击【确定】按钮。使用【垂直文本工具】输入文字"圣诞节快乐"，在【旧版标题属性】面板中将【字体系列】设置为汉仪雪峰体简，将【字体大小】设置为 70，将【行距】设置为 17，将【字偶间距】设置为 10，将【填充】选项组中的【颜色】RGB 设置为 164、0、0，【X 位置】、【Y 位置】设置为 348.3、256.8，如图 5-3 所示。

图 5-2 设置颜色

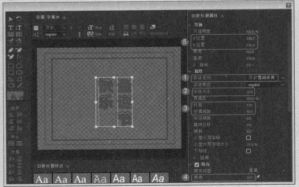

图 5-3 输入文字并进行设置

03 将【颜色遮罩】拖曳至 V1 轨道中，将持续时间设置为 00:00:15:00，在【效果】面板中将【双侧平推门】切换特效拖曳至【颜色遮罩】的开始位置，在【效果控件】面板中将切换方式设置为【从东向西】，如图 5-4 所示。

04 将当前时间设置为 00:00:01:01，将 H 2.png 素材文件拖曳至 V2 轨道中，将其开始位置与时间线对齐，将持续时间设置为 00:00:13:23，【位置】设置为 360、-336，单击左侧的【切换动画】按钮，将【缩放】设置为 19，如图 5-5 所示。

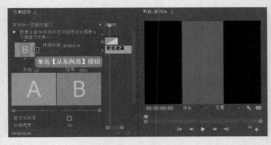

图 5-4 添加切换特效   图 5-5 设置参数

05 将当前时间设置为 00:00:03:00,将【位置】设置为 360、-55。将 H1.png 素材文件拖曳至 V3 轨道中,将其开始位置与时间线对齐,将持续时间设置为 00:00:03:00,【位置】设置为 360、305,【缩放】设置为 11,如图 5-6 所示。

06 将【效果】面板中的【交叉溶解】切换特效拖曳至 H1.png 素材文件的开始处。将当前时间设置为 00:00:06:00,将 H3.png 素材文件拖曳至 V3 轨道中,将其开始位置与时间线对齐,将持续时间设置为 00:00:03:00,将当前时间设置为 00:00:06:13,将【缩放】设置为 8,单击左侧的【切换动画】按钮 ,将当前时间设置为 00:00:07:22,将【缩放】设置为 25,如图 5-7 所示。

图 5-6 设置参数   图 5-7 设置【缩放】参数

知识链接

　　圣诞节送礼物已渐成为全球通行的习惯。神秘人物带给小孩子们礼物的概念衍生自圣尼古拉斯。尼古拉斯是 4 世纪生活在小亚细亚的一位好心主教。荷兰人会在圣尼古拉斯节（12 月 6 日）模仿他送礼物。在北美洲,英国殖民者把这一传统融入圣诞节目中,而圣尼古拉斯也就相应地成为圣诞老人或者称为 Saint Nick（圣尼克）的人物了。在英籍美国人的传统中,圣诞老人总会在圣诞前夜乘着驯鹿拉的雪橇到来,从烟囱爬进屋内,给孩子们留下礼物,然后吃掉孩子们为他留下的食物。圣诞老人在一年中的其他时间里则忙于制作礼物和监督孩子们的行为并记录下来。

07 将【效果】面板中的【交叉溶解】特效拖曳至 H1.png 与 H3.png 素材文件之间,将当前时间设置为 00:00:09:00,将 H4.jpg 拖曳至 V3 轨道中,将其开始处与时间线对齐,将持续时间设置为 00:00:03:00,将【缩放】设置为 87,如图 5-8 所示。

08 将【效果】面板中的【胶片溶解】切换特效拖曳至 H3.png 和 H4.jpg 素材文件之间。将当前时间设置为 00:00:12:00,将 H5.png 文件拖曳至 V3 轨道中,将其开始处与时间线对齐,将持续时间设置为 00:00:03:00,将【位置】设置为 377、231,将【缩放】设置为 14.5,如图 5-9 所示。

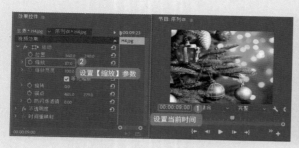

图 5-8　设置【缩放】参数

图 5-9　设置参数

09 将【效果】面板中的【胶片溶解】切换特效拖曳至 H4.jpg 和 H5.png 素材文件之间。将当前时间设置为 00:00:12:13，将【字幕 01】拖曳至 V3 的上方，将其开始处与时间线对齐，将持续时间设置为 00:00:02:11，将【交叉溶解】拖曳至字幕 01 素材的开始外，如图 5-10 所示。

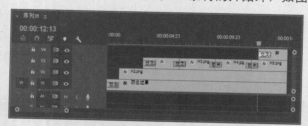

图 5-10　将【交叉溶解】拖曳至素材文件上

5.1　关键帧特效的应用

为素材添加视频特效，首先在【效果】面板中选择要添加的特效，然后将其拖曳至【序列】面板中的素材片段上；当素材处于选择状态时，选择特效并将其拖至【效果控件】面板中。

5.2　【变换】视频特效

本节将讲解【变换】文件夹中的【垂直翻转】、【水平翻转】、【羽化边缘】和【裁剪】特效的使用。

5.2.1　【垂直翻转】特效

【垂直翻转】特效可以使素材上下翻转，其选项组如图 5-11 所示。效果如图 5-12 所示。

图 5-11　【垂直翻转】特效选项组

图 5-12　添加【垂直翻转】特效后的效果

5.2.2 【水平翻转】特效

【水平翻转】特效可以使素材水平翻转，其选项组如图 5-13 所示。效果如图 5-14 所示。

图 5-13 【水平翻转】特效选项组　　　　图 5-14 添加【水平翻转】特效后的效果

5.2.3 【羽化边缘】特效

【羽化边缘】特效用于对素材片段的边缘进行羽化，其选项组如图 5-15 所示。效果如图 5-16 所示。

图 5-15 【羽化边缘】特效选项组　　　　图 5-16 添加【羽化边缘】特效后的效果

5.2.4 【裁剪】特效

【裁剪】特效可以将素材边缘的像素剪掉，并可以自动将修剪过的素材尺寸恢复到原始尺寸，使用滑块控制可以修剪素材边缘，可以采用像素或图像百分比两种方式计算，其选项组如图 5-17 所示。效果如图 5-18 所示。

图 5-17 【裁剪】特效选项组　　　　图 5-18 添加【裁剪】特效后的效果

5.3 【图像控制】视频特效

本节将讲解【图像控制】文件夹中的【灰度系数校正】、【颜色平衡（RGB）】、【颜色替换】、【颜色过滤】和【黑白】视频效果的使用。

■ 5.3.1 【灰度系数校正】特效

【灰度系数校正】特效可以使素材渐渐变亮或变暗，如图 5-19 所示。具体操作步骤如下。

图 5-19 【灰度系数校正】特效

01 新建项目和序列文件（DV-PAL| 标准 48kHz），在【项目】面板中双击，打开【导入】对话框，选择 "CDROM\ 素材 \Cha05\001.jpg" 文件，如图 5-20 所示。

02 在【项目】面板中选择 001.jpg 素材文件，将其添加至【序列】面板的视频轨道上，如图 5-21 所示。

图 5-20 选择素材文件　　　　　　　　图 5-21 将素材拖曳至序列轨道中

03 在轨道中选择 001.jpg 素材文件，将【缩放】设置为 36，如图 5-22 所示。

04 切换至【效果】面板，打开【视频效果】文件夹，选择【图像控制】下的【灰度系数校正】特效，如图 5-23 所示。

图 5-22 设置【缩放】参数　　　　　　　図 5-23 选择【灰度系数校正】特效

05 选择特效后，按住鼠标将其拖曳至【序列】面板中的素材文件上，如图 5-24 所示。

06 打开【效果控件】面板，将【灰度系数校正】特效下的【灰度系数】设置为 20，如图 5-25 所示，观察效果。

图 5-24　添加特效　　　　　　　　　　　　　　　　图 5-25　设置【灰度系数】参数

5.3.2　【颜色平衡（RGB）】特效

【颜色平衡（RGB）】特效可以按 RGB 颜色模式调节素材的颜色，达到校色的目的，如图 5-26 所示。

图 5-26　【颜色平衡（RGB）】特效

01 新建项目和序列文件（DV-PAL| 标准 48kHz），在【项目】面板的空白处双击，打开【导入】对话框，打开 "CDROM\ 素材 \Cha05\002.jpg" 文件，如图 5-27 所示。

02 在【项目】面板中选择 002.jpg 素材文件，将其添加至【序列】面板中的视频轨道上，如图 5-28 所示。

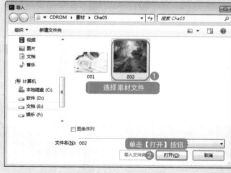

图 5-27　选择素材文件　　　　　　　　　　　　　　图 5-28　将素材拖曳至序列轨道中

03 切换至【效果】面板，打开【视频效果】文件夹，选择【图像控制】下的【颜色平衡（RGB）】特效，将其拖曳至【序列】面板中的 002.jpg 素材文件上，如图 5-29 所示。

04 打开【效果控件】面板，将【颜色平衡（RGB）】下的【红色】设置为 125，【绿色】设置为 120，【蓝色】设置为 135，如图 5-30 所示。

图 5-29　添加【颜色平衡（RGB）】特效

图 5-30　设置【颜色平衡（RGB）】参数

5.3.3　【颜色替换】特效

【颜色替换】特效可以将选择的颜色替换成一个新的颜色，且保持灰度级不变。使用这个效果可以通过选择图像中一个物体的颜色，然后调整控制器产生一个不同的颜色，达到改变物体颜色的目的，其选项组如图 5-31 所示。效果如图 5-32 所示。

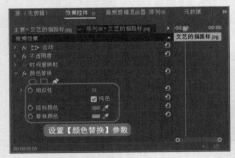

图 5-31　【颜色替换】特效选项组

图 5-32　添加【颜色替换】特效后的效果

5.3.4　【颜色过滤】特效

【颜色过滤】特效可将素材转变成灰度级，除了只保留一个指定的颜色外，使用这个效果可以突出素材的某个特殊区域，其选项组如图 5-33 所示。效果如图 5-34 所示。

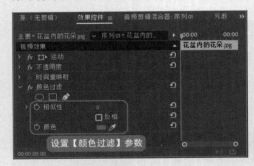

图 5-33　【颜色过滤】特效选项组

图 5-34　添加【颜色过滤】特效后的效果

5.3.5　【黑白】特效

【黑白】特效可以将任何彩色素材变成灰度图，也就是说，颜色由灰度的明暗来表示，源素材与添加的特效形成对比，其选项组如图 5-35 所示。效果如图 5-36 所示。

图 5-35　【黑白】特效选项组　　　　　　　　　　图 5-36　添加【黑白】特效后的效果

5.4　【实用程序】视频特效

在【实用程序】文件夹下，只有一项图像色彩效果的视频特技效果——【Cineon 转换器】特效。

【Cineon 转换器】特效可提供一个高度数的 Cineon 图像的颜色转换器，效果如图 5-37 所示。具体操作步骤如下。

图 5-37　【Cineon 转换器】特效

01 新建项目和序列文件（DV-PAL|【标准 48kHz】），在【项目】面板的空白处双击，打开【导入】对话框，选择"CDROM\ 素材 \Cha05\003.jpg"素材文件，单击【打开】按钮，如图 5-38 所示。

02 选择导入的素材文件，将其拖曳至【序列】面板中的轨道上，如图 5-39 所示。

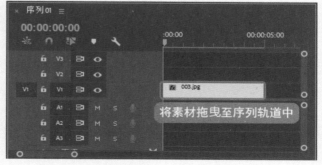

图 5-38　选择素材文件　　　　　　　　　　图 5-39　将素材拖曳至序列轨道中

03 切换至【效果】面板，打开【视频效果】文件夹，选择【实用程序】下的【Cineon 转换器】特效，如图 5-40 所示。

04 选择该特效，将其拖曳至【序列】面板中的 003.jpg 素材文件上，将【转换类型】设置为【线性到对数】，如图 5-41 所示，观察效果。

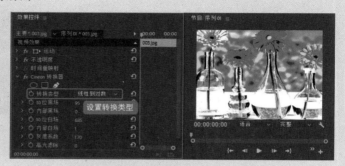

图 5-40 选择【Cineon 转换器】特效   图 5-41 添加特效

【Cineon 转换器】特效选项组中各项命令功能如下。

- 【转换类型】：指定 Cineon 文件如何被转换。
- 【10 位黑场】：为转换为 10Bit 对数的 Cineon 层指定黑点（最小密度）。
- 【内部黑场】：指定黑点在层中如何使用。
- 【10 位白场】：为转换为 10Bit 对数的 Cineon 层指定白点（最大密度）。
- 【内部白场】：指定白点在层中如何使用。
- 【灰度系数】：指定中间色调值。
- 【高光滤除】：指定输出值校正高亮区域的亮度。

5.5 【扭曲】视频特效

本节将讲解【扭曲】文件夹中的【位移】、【变形稳定器 VFX】、【变换】、【放大】、【旋转】、【果冻效应修复】、【波形变形】、【球面化】、【紊乱置换】、【边角定位】、【镜像】和【镜头扭曲】视频效果的使用。

5.5.1 【位移】特效

【位移】特效是将原来的图片进行偏移复制，并通过混合显示图片上的图像，其选项组如图 5-42 所示。效果如图 5-43 所示。

图 5-42 【位移】特效选项组   图 5-43 添加【位移】特效后的效果

5.5.2 【变形稳定器 VFX】特效

在添加【变形稳定器 VFX】效果之后，会在后台立即开始分析剪辑。当分析开始时，【项目】面板中会显示第一栏（共两个），指示正在进行分析。当分析完成时，第二栏会显示正在进行稳定的消息。其选项组如图 5-44 所示。效果如图 5-45 所示。

图 5-44　【变形稳定器 VFX】特效选项组　　　　　图 5-45　添加【变形稳定器 VFX】特效后的效果

【变形稳定器 VFX】特效选项组中的功能介绍如下。

（1）【稳定化】：利用【稳定】设置，可调整稳定过程。

（2）【结果】：控制素材的预期效果（【平滑运动】或【不运动】）。

①【平滑运动】（默认）：保持原始摄像机的移动，但使其更平滑。在选中后，会启用【平滑度】来控制摄像机移动的平滑程度。

②【不运动】：尝试消除拍摄中的所有摄像机运动。在选中后，将在【高级】部分中禁用【更少裁切更多平滑】功能。该设置主要用于拍摄对象至少有一部分保持在正在分析的整个范围的帧中的素材。

（3）【平滑度】：选择稳定摄像机原运动的程度。值越低越接近摄像机原来的运动，值越高越平滑。如果值在 100 以上，则需要对图像进行更多裁切。在【结果】设置为【平滑运动】时启用。

（4）【方法】：指定变形稳定器为稳定素材而对其执行的最复杂的操作。

①【位置】：稳定仅基于位置数据，且这是稳定素材的最基本方式。

②【位置，缩放，旋转】：稳定基于位置、缩放以及旋转数据。如果没有足够的区域用于跟踪，变形稳定器将选择上个类型（位置）。

③【透视】：使用将整个帧边角有效固定的稳定类型。如果没有足够的区域用于跟踪，变形稳定器将选择上个类型（位置、缩放、旋转）。

④【子空间变形（默认）】：尝试以不同的方式将帧的各个部分变形以稳定整个帧。如果没有足够的区域用于跟踪，变形稳定器将选择上个类型（透视）。在任何给定帧上使用该方法时，根据跟踪的精度，剪辑中会发生一系列相应变化。

（5）【边界】：边界设置调整为被稳定的素材处理边界（移动的边缘）的方式。

（6）【帧】：控制边缘在稳定结果中如何显示。可将取景设置为以下内容之一：

①【仅稳定】：显示整个帧，包括运动的边缘。【仅稳定】显示为稳定图像且需要完成的工作量。使用【仅稳定化】将允许使用其他方法裁剪素材。选择此选项后，【自动缩放】部分和【更少裁切 <_> 更多平滑】属性将处于禁用状态。

②【稳定、裁剪】：裁剪运动的边缘而不缩放。【稳定、裁剪】等同于使用【稳定、裁切、自动缩放】并将【最大缩放】设置为 100%。启用此选项后，【自动缩放】部分将处于禁用状态，但【更少裁切 <_> 更多平滑】属性仍处于启用状态。

③【稳定、裁切、自动缩放】（默认）：裁剪运动的边缘，并扩大图像以重新填充帧。自动缩放由【自动缩放】部分的各个属性控制。

④【稳定、人工合成边缘】：使用时间稍早或稍晚的帧中的内容填充由运动边缘创建的空白区域（通过【高级】部分的【合成输入范围】进行控制）。选择此选项后，【自动缩放】部分和【更少裁切 <_> 更多平滑】将处于禁用状态。

当在帧的边缘存在与摄像机移动无关的移动时，可能会出现伪像。

（7）【自动缩放】：显示当前的自动缩放量，并允许对自动缩放量设置限制。通过将取景设置为【稳定、裁切、自动缩放】，可启用自动缩放。

①最大缩放：限制为实现稳定而按比例增加剪辑的最大量。

②动作安全边距：如果为非零值，则会在预计不可见的图像边缘周围指定边界。因此，自动缩放不会试图填充它。

③【附加缩放】：使用与在【变换】下使用【缩放】属性相同的结果放大剪辑，但是避免对图像进行额外的重新取样。

（8）【高级】：包括【详细分析】、【果冻效应波纹】、【更少裁切 <_> 更多平滑】、【合成输入范围】、【合成边缘羽化】、【合成边缘裁切】、【隐藏警告栏】选项。

①【详细分析】：当设置为开启时，会让下一个分析阶段执行额外的工作来查找要跟踪的元素。启用该选项时，生成的数据（作为效果的一部分存储在项目中）会更大且速度慢。

②【果冻效应波纹】：稳定器会自动消除与被稳定的果冻效应素材相关的波纹。【自动减小】是默认值。如果素材包含更大的波纹，请使用【增强减小】。要使用任一方法，请将【方法】设置为【子空间变形】或【透明】。

③【更少裁切 <_> 更多平滑】：在裁切时，控制当裁切矩形在被稳定的图像上方移动时该裁切矩形的平滑度与缩放之间的折中。但是，较低值可实现平滑，并且可以查看图像的更多区域。设置为 100% 时，结果与用于手动裁剪的【仅稳定】选项相同。

④【合成输入范围】：由【稳定、人工合成边缘】取景使用，控制合成进程在时间上向后或向前来填充任何缺少的像素。

⑤【合成边缘羽化】：为合成的片段选择羽化量。仅在使用【稳定、人工合成边缘】取景时，才会启用该选项。使用羽化控制可平滑合成像素与原始帧连接在一起的边缘。

⑥【合成边缘裁切】：当使用【稳定、人工合成边缘】取景选项时，在将每个帧用来与其他帧进行组合之前对其边缘进行修剪。使用裁剪控制可剪掉在模拟视频捕获或低质量光学镜头中常见的多余边缘。默认情况下，所有边缘均为零像素。

⑦【隐藏警告栏】：即使有警告横幅指出必须对素材进行重新分析，但也不希望对其进行重新分析，则使用此选项。

Premiere Pro 中的变形稳定器效果要求剪辑尺寸与序列设置相匹配。如果剪辑与序列设置不匹配，可以嵌套剪辑，然后对嵌套应用变形稳定器效果。

■ 5.5.3 【变换】特效

【变换】特效是对素材应用二维几何转换效果。使用【变换】特效可以沿任何轴向使素材歪斜，其选项组如图 5-46 所示。效果如图 5-47 所示。

图 5-46 【变换】特效选项组

图 5-47 添加【变换】特效后的效果

5.5.4 【放大】特效

【放大】特效可以使图像局部呈圆形或方形放大，并将放大的部分进行【羽化】、【透明】等设置，其选项组如图 5-48 所示。效果如图 5-49 所示。

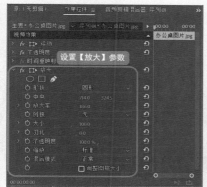

图 5-48 【放大】特效选项组

图 5-49 添加【放大】特效后的效果

5.5.5 【旋转】特效

【旋转】特效可以使素材围绕它的中心旋转，形成一个旋涡，其选项组如图 5-50 所示。效果如图 5-51 所示。

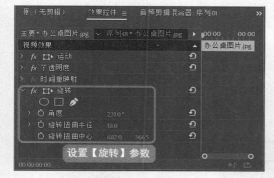

图 5-50 【旋转】特效选项组

图 5-51 添加【旋转】特效后的效果

■ 5.5.6 【果冻效应修复】特效

DSLR 及其他基于 CMOS 传感器的摄像机都有一个常见问题：在视频的扫描线之间通常有一个延迟时间。由于扫描之间的时间延迟，无法准确地同时记录图像的所有部分，导致果冻效应扭曲。如果摄像机或拍摄对象移动就会发生这些扭曲。

利用 Premiere Pro 中的【果冻效应修复】特效可以去除这些扭曲伪像，其选项组中的选项介绍如下。

- 【果冻效应比率】：指定帧速率（扫描时间）的百分比。DSLR 在 50%~70% 范围内，而 iPhone 接近 100%。调整【果冻效应比率】，直至扭曲的线变为竖直。
- 【扫描方向】：指定发生果冻效应扫描的方向。大多数摄像机从顶部到底部扫描传感器。对于智能手机，可颠倒或旋转操作摄像机，这样可能需要不同的扫描方向。
- 【方法】：指示是否使用光流分析和像素运动重定时来生成变形的帧（像素运动），或者是否应该使用稀疏点跟踪以及变形方法（变形）。
- 【详细分析】：在变形中执行更为详细的点分析。在使用【变形】方法时可用。
- 【像素运动细节】：指定光流矢量场计算的详细程度。在使用【像素移动】方法时可用。

■ 5.5.7 【波形变形】特效

【波形变形】特效可以使素材变形为波浪的形状，其选项组如图 5-52 所示。效果如图 5-53 所示。

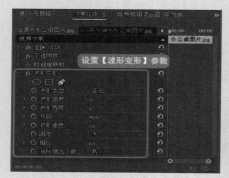

图 5-52 【波形变形】特效选项组

图 5-53 添加【波形变形】特效后的效果

■ 5.5.8 【球面化】特效

【球面化】特效将素材包囊在球形上，可以赋予物体和文字三维效果，其选项组如图 5-54 所示。效果如图 5-55 所示。

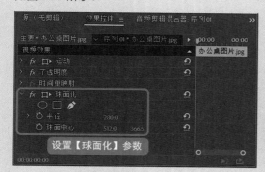

图 5-54 【球面化】特效选项组

图 5-55 添加【球面化】特效后的效果

5.5.9 【紊乱置换】特效

【紊乱置换】特效可以使图片中的图像变形，其选项组如图 5-56 所示。效果如图 5-57 所示。

图 5-56 【紊乱置换】特效选项组　　　　　图 5-57 添加【紊乱置换】特效后的效果

5.5.10 【边角定位】特效

【边角定位】特效是通过分别改变一个图像的四个顶点，使图像产生变形，比如伸展、收缩、歪斜和扭曲，模拟透视或者模仿支点在图层一边的运动，其选项组如图 5-58 所示。效果如图 5-59 所示。

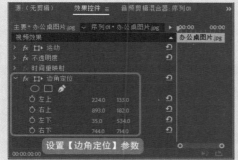

图 5-58 【边角定位】特效选项组　　　　　图 5-59 添加【边角定位】特效后的效果

> **提示一下**
>
> 　除了上面讲述的通过输入数值来修改图形的方法，还有一种比较直观、方便的操作方法：单击【效果控件】面板中的边角按钮，这时在【监视器】面板图片上出现四个控制柄，然后调整控制柄的位置就可以改变图片的形状。

5.5.11 【镜像】特效

【镜像】特效用于将图像沿一条线裂开并将其中一边反射到另一边。反射角度决定哪一边被反射到什么位置，可以随时间改变镜像轴线和角度，效果如图 5-60 所示。

具体操作步骤如下。

图 5-60 【镜像】特效

01 新建项目和序列文件（DV-PAL| 标准 48kHz），在【项目】面板的空白处双击，在打开的【导入】对话框中选择"CDROM\ 素材 \Cha05\004.jpg"素材文件，单击【打开】按钮，如图 5-61 所示。

02 在【项目】面板中选择 004.jpg 素材文件，将其拖曳至【序列】面板中的视频轨道上，如图 5-62 所示。

图 5-61　选择素材文件

图 5-62　将素材拖曳至序列轨道中

03 在【序列】面板中选择 004.jpg 素材文件，切换至【效果】面板，选择【镜像】特效，将其添加到【序列】面板中 004.jpg 素材上，如图 5-63 所示。

04 切换至【效果控件】面板，展开【镜像】选项，将【反射中心】设置为 510、600，如图 5-64 所示。

图 5-63　添加特效

图 5-64　设置【反射中心】参数

5.5.12　【镜头扭曲】特效

【镜头扭曲】特效是模拟一种从变形透镜观看素材的效果，其选项组如图 5-65 所示。效果如图 5-66 所示。

图 5-65　【镜头扭曲】特效选项组

图 5-66　添加【镜头扭曲】特效后的效果

5.6 【时间】视频特效

本节将讲解【时间】文件夹下的【抽帧时间】和【残影】视频效果的使用。

■ 5.6.1 【抽帧时间】特效

使用该特效后素材将被锁定到一个指定的帧率，以跳帧播放产生动画效果，能够生成抽帧的效果。

■ 5.6.2 【残影】特效

【残影】特效可以混合一个素材中很多不同的时间帧。可以设置从一个简单的视觉回声到飞奔的动感效果，其选项组如图 5-67 所示。效果如图 5-68 所示。

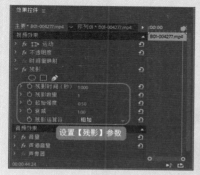

图 5-67 【残影】特效选项组

图 5-68 添加【残影】特效后的效果

5.7 【杂波与颗粒】视频特效

本节将讲解【杂波与颗粒】文件夹下的【中间值】、【杂色】、【杂色 Alpha】、【杂色 HLS】、【杂色 HLS 自动】以及【蒙尘与划痕】视频效果的使用。

■ 5.7.1 【中间值】特效

【中间值】特效指使用指定半径内相邻像素的中间像素值替换像素。使用低的值，可以降低噪波；使用高的值，可以将素材处理成一种美术效果。效果如图 5-69 所示。

图 5-69 【中间值】特效

具体操作步骤如下。

01 新建项目和序列文件（DV-PAL|【标准 48kHz】），在【项目】面板的空白处双击，打开【导

入】对话框，选择"素材 |Cha05\005.jpg"文件，单击【打开】按钮，如图 5-70 所示。

02 选择导入的素材文件，将其拖入【序列】面板的 V1 轨道中，如图 5-71 所示。

图 5-70 【导入】对话框　　　　　　　　　图 5-71 将素材拖曳至序列轨道中

03 打开【效果控件】面板，打开【视频效果】文件夹，选择【杂波与颗粒】下面的【中间值】特效，在【效果控件】面板中展开【中间值】选项，将【半径】设置为 3，在【节目】面板中观看效果，如图 5-72 所示。

图 5-72 设置【半径】参数

【中间值】特效选项组中各项功能如下。

（1）【半径】：指定使用中间值效果的像素数量。

（2）【在 Alpha 通道上操作】：对素材的 Alpha 通道应用该效果。

5.7.2 【杂色】特效

【杂色】特效将未受影响和素材中像素中心的颜色赋予每一个分片，其余的分片将被赋予未受影响的素材中相应范围的平均颜色。其选项组如图 5-73 所示。效果如图 5-74 所示。

图 5-73 【杂色】特效选项组　　　　　　　图 5-74 添加【杂色】特效后的效果

■ 5.7.3 【杂色 Alpha】特效

【杂色 Alpha】特效可以添加统一的或方形杂色图像到 Alpha 通道中,其选项组如图 5-75 所示。效果如图 5-76 所示。

图 5-75 【杂色 Alpha】特效选项组　　　　　图 5-76 添加【杂色 Alpha】特效后的效果

【杂色 Alpha】特效选项组各项功能如下。

(1)【杂色】:指定效果使用的杂色类型。

(2)【数量】:指定添加到图像中杂色的数量。

(3)【原始 Alpha】:指定如何应用杂色到图像的 Alpha 通道中。

(4)【溢出】:指定效果重新绘制超出 0~255 灰度缩放范围的值。

(5)【随机植入】:指定杂色的随机值。

(6)【杂色选项 (动画)】:指定杂色的动画效果。

■ 5.7.4 【杂色 HLS】特效

【杂色 HLS】特效可以为指定的色相、亮度、饱和度添加噪波,并调整杂波色的尺寸和相位,其选项组如图 5-77 所示。效果如图 5-78 所示。

图 5-77 【杂色 HLS】特效选项组　　　　　图 5-78 添加【杂色 HLS】特效后的效果

■ 5.7.5 【杂色 HLS 自动】特效

【杂色 HLS 自动】特效与【杂色 HLS】特效相似,如图 5-79 所示。

图 5-79 【杂色 HLS 自动】特效

■ 5.7.6 【蒙尘与划痕】特效

【蒙尘与划痕】特效指通过改变不同的像素减少噪波。调试不同的范围组合和阈值设置,达到锐化图像和隐藏缺点之间的平衡,其选项组如图 5-80 所示。效果如图 5-81 所示。

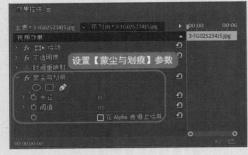

图 5-80　【蒙尘与划痕】特效选项组

图 5-81　添加【蒙尘与划痕】特效后的效果

5.8　【模糊和锐化】视频特效

本节将讲解【模糊和锐化】文件夹中的【复合模糊】、【方向模糊】、【相机模糊】、【通道模糊】、【钝化蒙版】、【锐化】和【高斯模糊】视频效果的使用。

■ 5.8.1 【复合模糊】特效

【复合模糊】特效对图像进行复合模糊,为素材增加全面的模糊,其选项组如图 5-82 所示。效果如图 5-83所示。

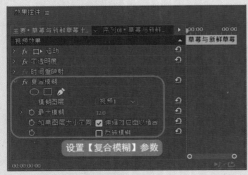

图 5-82　【复合模糊】特效选项组

图 5-83　添加【复合模糊】特效后的效果

■ 5.8.2 【方向模糊】特效

【方向模糊】特效是对图像选择一个有方向性的模糊,为素材添加运动感,其选项组如图 5-84 所示。效果如图 5-85 所示。

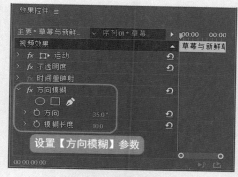

图 5-84 【方向模糊】特效选项组

图 5-85 添加【方向模糊】特效后的效果

5.8.3 【相机模糊】特效

【相机模糊】特效用于模仿在相机焦距之外和图像模糊效果,其选项组如图 5-86 所示。效果如图 5-87 所示。

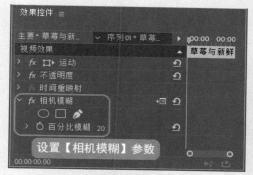

图 5-86 【相机模糊】特效选项组

图 5-87 添加【相机模糊】特效后的效果

5.8.4 【通道模糊】特效

【通道模糊】特效可以对素材的红、绿、蓝和 Alpha 通道进行个别模糊,可以指定模糊的方向为水平、垂直或双向。使用该效果可以创建辉光效果或控制一个图层的边缘附近变得不透明,其选项组如图 5-88 所示。效果如图 5-89 所示。

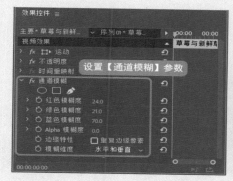

图 5-88 【通道模糊】特效选项组

图 5-89 添加【通道模糊】特效后的效果

■ 5.8.5 【钝化蒙版】特效

【钝化蒙版】特效能够将图片中模糊的地方变亮，其选项组如图 5-90 所示。效果如图 5-91 所示。

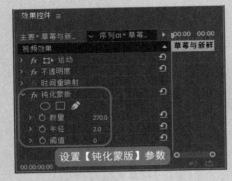

图 5-90 【钝化蒙版】特效选项组　　　　　图 5-91 添加【钝化蒙版】特效后的效果

■ 5.8.6 【锐化】特效

【锐化】特效选项组如图 5-92 所示。效果如图 5-93 所示。

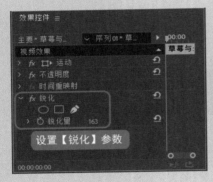
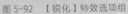

图 5-92 【锐化】特效选项组　　　　　图 5-93 添加【锐化】特效后的效果

■ 5.8.7 【高斯模糊】特效

【高斯模糊】特效能够模糊和柔化图像并消除噪波。可以指定模糊的方向为水平、垂直或双向，其选项组如图 5-94 所示。效果如图 5-95 所示。

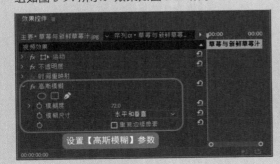

图 5-94 【高斯模糊】特效选项组　　　　　图 5-95 添加【高斯模糊】特效后的效果

5.9 【生成】视频特效

本节将讲解【生成】文件夹中的【书写】、【单元格图案】、【吸管填充】、【四色渐变】、【圆形】、【棋盘】、【椭圆】、【油漆桶】、【渐变】、【网格】、【镜头光晕】和【闪电】视频效果的使用。

■ 5.9.1 【书写】特效

【书写】特效可以在图像中产生书写的效果，通过为特效设置关键点并不断地调整笔触位置，可以产生水彩笔书写的效果，其选项组如图 5-96 所示。效果如图 5-97 所示。

图 5-96 设置参数　　　　　　　　　　　　　　　　　图 5-97 添加【书写】特效后的效果

■ 5.9.2 【单元格图案】特效

【单元格图案】特效在基于噪波的基础上可产生蜂巢的图案。使用【单元格图案】特效可产生静态或移动的背景纹理和图案。可用于做原素材的替换图片，其选项组如图 5-98 所示。效果如图 5-99 所示。

图 5-98 【单元格图案】特效选项组　　　　　　　　　图 5-99 添加【单元格图案】特效后的效果

■ 5.9.3 【吸管填充】特效

【吸管填充】特效通过调节采样点的位置，将采样点所在位置的颜色覆盖于整个图像上。该特效有利于在最初素材的一个点上很快地采集一种纯色或从一个素材上采集一种颜色并利用混合方式应用到第二个素材上，其选项组如图 5-100 所示。效果如图 5-101 所示。

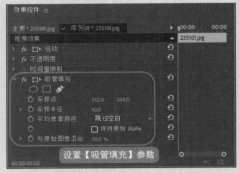

图 5-100　【吸管填充】特效选项组　　　　　图 5-101　添加【吸管填充】特效后的效果

■ 5.9.4　【四色渐变】特效

　　【四色渐变】特效可以使图像产生 4 种混合渐变颜色，其选项组如图 5-102 所示。效果如图 5-103 所示。

图 5-102　【四色渐变】特效选项组　　　　　图 5-103　添加【四色渐变】特效后的效果

■ 5.9.5　【圆形】特效

　　【圆形】特效可任意绘制一个实心圆或圆环，通过设置它的混合模式来形成素材轨道之间的区域混合的效果，如图 5-104 所示。具体操作步骤如下。

图 5-104　添加【圆形】特效后的效果

01 新建项目和序列文件（DV-PAL|【标准 48kHz】），在【项目】面板的空白处双击，在打开的【导入】对话框中选择 "CDROM\ 素材 \Cha05\006.jpg、007.jpg" 文件，单击【打开】按钮，如图 5-105 所示。

02 在【项目】面板中选择 006.jpg 素材文件，将其添加至【序列】面板中的 V1 轨道上，将 007. jpg 素材文件添加至【序列】面板中的 V2 轨道上，如图 5-106 所示。

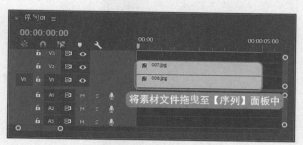

图 5-105　选择素材文件　　　　　　　　图 5-106　将素材文件拖曳至【序列】面板中

03 在【序列】面板中选择 007.jpg 文件，打开【效果】面板，选择【视频效果】|【生成】下的【圆形】特效，打开【效果控件】面板，展开【圆形】选项，将当前时间设置为 00:00:00:00，将【中心】设置为 483、348，单击【半径】左侧的【切换动画】按钮，将【半径】设置为 50，将【混合模式】设置为【模板 Alpha】，如图 5-107 所示。

04 将当前时间设置为 00:00:04:00，将【半径】设置为 185，在【节目】面板中观看效果，如图 5-108 所示。

图 5-107　设置参数　　　　　　　　图 5-108　添加【圆形】特效后的效果

5.9.6　【棋盘】特效

　　【棋盘】特效可创造国际象棋棋盘式的长方形图案，它有一半的方格是透明的，通过它自身提供的参数可以对该特效进行进一步的设置，其选项组如图 5-109 所示。效果如图 5-110 所示。

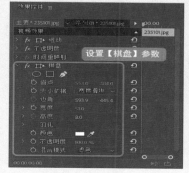

图 5-109　【棋盘】特效选项组　　　　　　　　图 5-110　添加【棋盘】特效后的效果

■ 5.9.7 【椭圆】特效

【椭圆】特效可以创造一个实心椭圆或椭圆环，该特效的选项组如图 5-111 所示。效果如图 5-112 所示。

图 5-111 【椭圆】特效选项组

图 5-112 添加【椭圆】特效后的效果

■ 5.9.8 【油漆桶】特效

【油漆桶】特效是将一种纯色填充到一个区域。它类似于 Adobe Photoshop 里的油漆桶工具。在一幅图像上使用【油漆桶】特效可将一个区域的颜色替换为其他的颜色，其选项组如图 5-113 所示。效果如图 5-114 所示。

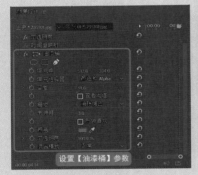

图 5-113 【油漆桶】特效选项组

图 5-114 添加【油漆桶】特效后的效果

■ 5.9.9 【渐变】特效

【渐变】特效能够产生颜色渐变，并与源图像内容混合。可以创建线性或放射状渐变，并可以随着时间改变渐变的位置和颜色，其选项组如图 5-115 所示。效果如图 5-116 所示。

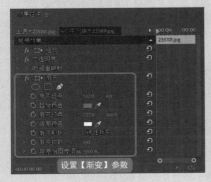

图 5-115 【渐变】特效选项组

图 5-116 添加【渐变】特效后的效果

■ 5.9.10 【网格】特效

　　【网格】特效可以创造一组可任意改变的网格。可以对网格的边缘调节大小和进行羽化。或作为一个可调节透明度的蒙版用于源素材上。效果如图 5-117 所示。具体操作步骤如下。

01 新建项目和序列文件（DV-PAL|【标准 48kHz】），在【项目】面板的空白处双击，在打开的【导入】对话框中选择 "CDROM\ 素材 \Cha05\008.jpg" 素材文件，单击【打开】按钮，如图 5-118 所示。

图 5-117　【网格】特效　　　　　　　　　　　图 5-118　选择素材文件

02 在【项目】面板中选择 008.jpg 素材文件，将其添加至【序列】面板的视频轨道中，如图 5-119 所示。

图 5-119　将素材拖曳至序列轨道中

03 在【序列】面板中选择 009.jpg 素材文件，切换至【效果控件】面板，展开【运动】选项，将【缩放】设置为 168，如图 5-120 所示。

04 切换至【效果】面板，打开【视频效果】文件夹，选择【生成】下的【网格】特效，如图 5-121 所示。选择该特效，将其添加至【序列】面板中的 009.jpg 素材文件上。

图 5-120　设置【缩放】参数　　　　　　　　　　图 5-121　选择【网格】特效

05 将当前时间设置为 00:00:00:00，切换至【效果控件】面板，单击【边框】左侧的【切换动画】按钮，将其设置为 25，将【混合模式】设置为【相加】，如图 5-122 所示。

06 将当前时间设置为 00:00:04:10，切换至【效果控件】面板，将【边框】设置为 0，如图 5-123 所示。

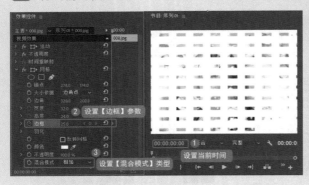

图 5-122　设置参数

图 5-123　设置【边框】参数

■ 5.9.11　【镜头光晕】特效

【镜头光晕】特效能够产生镜头光斑效果，它是通过模拟亮光透过摄像机镜头时的折射而产生的，效果如图 5-124 所示。具体操作步骤如下。

01 新建项目和序列文件（DV-PAL|【标准 48kHz】），在【项目】面板的空白处双击，在打开的【导入】对话框中选择 "CDROM\ 素材 \Cha05\009.jpg" 素材文件，单击【打开】按钮，如图 5-125 所示。

图 5-124　添加【镜头光晕】特效后的效果

图 5-125　选择素材文件

02 在【项目】面板中选择 009.jpg 素材文件，将其添加至【序列】面板的视频轨道中，如图 5-126 所示。

图 5-126　将素材拖曳至序列轨道中

03 在【序列】面板中选择 009.jpg 素材文件，切换至【效果控件】面板，展开【运动】选项，将【缩放】设置为 85，如图 5-127 所示。

04 切换至【效果】面板，打开【视频效果】文件夹，选择【生成】下的【镜头光晕】特效，如图 5-128 所示。

图 5-127　设置【缩放】参数　　　　　　　　　　图 5-128　选择【镜头光晕】特效

05 选择该特效，将其添加至【序列】面板中的 009.jpg 素材文件上，如图 5-129 所示。

06 切换至【效果控件】面板，展开【镜头光晕】选项，将【光晕中心】设置为 92、81，将【光晕高度】设置为 130%，如图 5-130 所示。

图 5-129　添加特效　　　　　　　　　　图 5-130　设置【镜头光晕】参数

5.9.12　【闪电】特效

　　【闪电】特效用于产生闪电和其他类似放电的效果，不用关键帧就可以自动产生动画，其选项组如图 5-131 所示。效果如图 5-132 所示。

图 5-131　【闪电】特效选项组　　　　　　　　　　图 5-132　添加【闪电】特效后的效果

5.10 【颜色校正】视频特效

在【颜色校正】文件夹下共包括 12 项视频特技效果。本节将介绍其文件夹下的【亮度与对比度】、【分色】、【更改颜色】和【通道混合器】视频效果的使用。

■ 5.10.1 【亮度与对比度】特效

【亮度与对比度】特效可以调节画面的亮度和对比度。该效果可同时调整所有像素的亮部区域、暗部区域和中间色区域，但不能对单一通道进行调节，其选项组如图 5-133 所示。效果如图 5-134 所示。

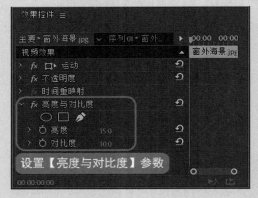

图 5-133 【亮度与对比度】特效选项组　　　　　图 5-134 添加【亮度与对比度】特效后的效果

■ 5.10.2 【分色】特效

【分色】特效用于将素材中除被选中的颜色及相类似颜色以外的其他颜色分离，其选项组如图 5-135 所示。效果如图 5-136 所示。

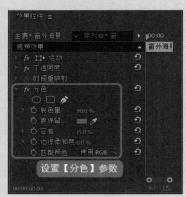

图 5-135 【分色】特效选项组　　　　　图 5-136 添加【分色】特效后的效果

■ 5.10.3 【更改颜色】特效

【更改颜色】特效通过在素材色彩范围内调整色相、亮度和饱和度，来改变色彩范围内的颜色，其选项组如图 5-137 所示。效果如图 5-138 所示。

图 5-137　【更改颜色】特效选项组 　　　　图 5-138　添加【更改颜色】特效后的效果

■ 5.10.4　【通道混合器】特效

　　【通道混合器】特效可以用当前颜色通道的混合值修改一个颜色通道。通过为每个通道设置不同的颜色偏移量，来校正图像的色彩。

　　通过【效果控件】选项组中各通道的滑块调节，可以调整各个通道的色彩信息。对各项参数的调节，控制着选定通道到输出通道的强度，其选项组如图 5-139 所示。效果如图 5-140 所示。

图 5-139　【通道混合器】特效选项组 　　　　图 5-140　添加【通道混合器】特效后的效果

5.11　【视频】视频特效

　　本节讲解【视频】文件夹下的【剪辑名称】和【时间码】特效的使用。

■ 5.11.1　【剪辑名称】特效

　　【剪辑名称】特效可以根据【效果控件】面板中指定的位置、大小和不透明度渲染节目中的剪辑名称。其选项组如图 5-141 所示。效果如图 5-142 所示。

图 5-141　【剪辑名称】特效选项组 　　　　图 5-142　添加【剪辑名称】特效后的效果

■ 5.11.2 【时间码】特效

【时间码】特效可以将素材边缘的像素剪掉，并可以自动将修剪过的素材尺寸恢复到原始尺寸。使用滑块控制可以修剪素材个别边缘。可以采用像素或图像百分比两种方式计算。其选项组如图 5-143 所示。效果如图 5-144 所示。

图 5-143　【时间码】特效选项组　　　　　　　　图 5-144　添加【时间码】特效后的效果

5.12 【调整】视频特效

本节讲解【调整】文件夹下的 ProcAmp、【光照效果】、【卷积内核】、【提取】和【色阶】视频效果的使用。

■ 5.12.1 ProcAmp 特效

ProcAmp 特效可以分别调整影片的亮度、对比度、色相和饱和度。其选项组如图 5-145 所示。效果如图 5-146 所示。

图 5-145　ProcAmp 特效选项组　　　　　　　　图 5-146　添加 ProcAmp 特效后的效果

- 【亮度】：控制图像亮度。
- 【对比度】：控制图像对比度。
- 【色相】：控制图像色相。
- 【饱和度】：控制图像颜色饱和度。
- 【拆分百分比】：该参数被激活后，可以调整范围，对比调节前后的效果。

■ 5.12.2 【光照效果】特效

【光照效果】特效可以在一个素材上同时添加 5 个灯光特效，并可以调节它们的属性。包括光照类型、光照颜色、中央、主要半径、次要半径、角度、强度、聚焦。还可以控制表面光泽和表面材质，也可引用其他视频片段的光泽和材质。其选项组如图 5-147 所示。效果如图 5-148 所示。

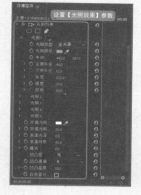

图 5-147　【光照效果】特效选项组　　　　图 5-148　添加【光照效果】特效后的效果

5.12.3　【卷积内核】特效

　　【卷积内核】特效根据数学卷积分的运算来改变素材中每个像素的值。在【效果控件】面板中，打开【视频特效】文件夹，选择【调整】下的【卷积内核】特效，并拖到【序列】面板中的图片上，其选项组如图 5-149 所示。效果如图 5-150 所示。

图 5-149　【卷积内核】特效选项组　　　　图 5-150　添加【卷积内核】特效后的效果

5.12.4　【提取】特效

　　【提取】特效可从视频片段中提取颜色，然后通过设置灰色范围来控制影像的显示。单击选项组中【提取】右侧的【设置】按钮 →回，打开【提取设置】对话框，如图 5-151 所示。效果如图 5-152 所示。

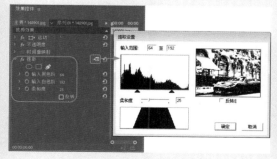

图 5-151　【提取设置】对话框　　　　　　图 5-152　添加【提取】特效后的效果

【提取设置】对话框中各项参数功能如下。

- 【输入范围】：柱状图用于显示在当前画面中每个亮度值上的像素数目。拖动其下的两个滑块，可以设置将被转换为白色或黑色的像素范围。
- 【柔和度】：拖动【柔和度】滑块，可在被转换为白色的像素中加入灰色。
- 【反转】：选中【反转】选项可以反转图像效果。

■ 5.12.5 【色阶】特效

【色阶】特效可以控制影视素材片段的亮度和对比度。单击选项组中【色阶】右侧的 按钮，打开【色阶设置】对话框，如图 5-153 所示。效果如图 5-154 所示。

其中，在通道选择下拉列表框中，可以选择调节影视素材片段的 R 通道、G 通道、B 通道及统一的 RGB 通道。

【色阶设置】对话框中各项参数功能如下。

- 【输入色阶】：当前画面帧的输入灰度级显示为柱状图。柱状图的横向 X 轴代表亮度数值，从左边的最黑 (0) 到右边的最亮 (255)；纵向 Y 轴代表在某一亮度数值上总的像素数目。在柱状图下向右拖动黑色滑块，可降低亮度；向左拖动白色滑块可增加亮度；拖动灰色滑块可以控制中间色调。
- 【输出色阶】：使用【输出色阶】输出水平栏下的滑块可以减少影视素材片段的对比度。向右拖动黑色滑块可以减少影视素材片段中的黑色数值；向左拖动白色滑块可以减少影视素材片段中的亮度数值。

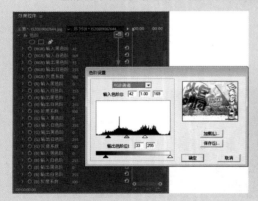

图 5-153 【色阶设置】对话框

图 5-154 添加【色阶】特效后的效果

5.13 【过渡】视频特效

本节讲解【过渡】文件夹下的【块溶解】、【径向擦除】、【渐变擦除】、【百叶窗】和【线性擦除】视频效果的使用。

■ 5.13.1 【块溶解】特效

【块溶解】特效可使素材随意地呈块状消失。块宽度和块高度可以设置溶解时块的大小。效果如图 5-155 所示。其具体操作步骤如下。

01 新建项目和序列文件（DV-PAL|【标准 48kHz】），在【项目】面板的空白处双击，在打开的【导入】对话框中选择 "CDROM\ 素材 \Cha05\010.jpg、011.jpg" 素材文件，单击【打开】按钮，如图 5-156 所示。

图 5-155 【块溶解】特效   图 5-156 选择素材文件

02 在【项目】面板中选择 010.jpg 素材文件,将其添加至【序列】面板中的视频轨道 1 上,将 011.jpg 添加至【序列】面板中的视频轨道 2 上,如图 5-157 所示。

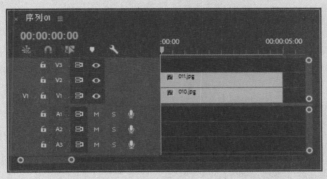

图 5-157 将素材拖曳至序列轨道中

03 将 010.jpg、011.jpg 素材文件的【缩放】设置为 77,如图 5-158 所示。

04 切换至【效果】面板,打开【视频效果】文件夹,选择【过渡】下的【块溶解】特效,如图 5-159 所示,并将其添加至【序列】面板中的 011.jpg 素材文件上。

图 5-158 设置【缩放】参数   图 5-159 选择【块溶解】特效

05 将当前时间设置为 00:00:00:00,切换至【效果控件】面板,展开【块溶解】选项,单击【过渡完成】左侧的【切换动画】按钮,将【块宽度】、【块高度】设置为 30,取消勾选【柔化边缘】复选框,如图 5-160 所示。

06 将当前时间设置为 00:00:04:04,切换至【效果控件】面板,将【过渡完成】设置为 100%,如图 5-161 所示。

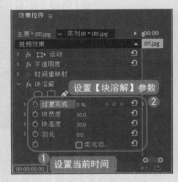

图 5-160　设置【块溶解】参数　　　　图 5-161　设置【块溶解】参数

5.13.2 【径向擦除】特效

　　【径向擦除】特效是素材以指定的一个点为中心进行旋转，从而显示出下面的素材。效果如图 5-162 所示。具体操作步骤如下。

01　新建项目和序列文件（DV-PAL|【标准 48kHz】），在【项目】面板的空白处双击，在打开的【导入】对话框中选择 "CDROM\ 素材 \Cha05\012.jpg、013.jpg" 文件，单击【打开】按钮，如图 5-163 所示。

图 5-162　添加【径向擦除】特效后的效果　　　　图 5-163　选择素材文件

02　在【项目】面板中选择 012.jpg 素材文件，将其添加至【序列】面板中的视频轨道 1 上，将 013.jpg 添加至【序列】面板中的视频轨道 2 上，如图 5-164 所示。

03　将 012.jpg、013.jpg 素材文件的【缩放】设置为 77，如图 5-165 所示。

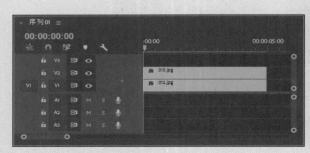

图 5-164　将素材拖曳至序列轨道中　　　　图 5-165　设置【缩放】参数

04 切换至【效果】面板，打开【视频效果】文件夹，选择【过渡】下的【径向擦除】特效，如图 5-166 所示，并将其添加至【序列】面板中的 013.jpg 素材文件上。

05 将当前时间设置为 00:00:00:00，切换至【效果控件】面板，展开【径向擦除】选项，单击【过渡完成】左侧的【切换动画】按钮，如图 5-167 所示。

图 5-166 选择【径向擦除】特效　　　　　图 5-167 设置【径向擦除】参数

06 将当前时间设置为 00:00:04:04，切换至【效果控件】面板，将【过渡完成】设置为 100%，如图 5-168 所示。

图 5-168 设置【过渡完成】参数

5.13.3 【渐变擦除】特效

【渐变擦除】特效中一个素材基于另一个素材相应的亮度值渐渐变为透明，这个素材叫渐变层。渐变层的黑色像素引起相应的像素变得透明。效果如图 5-169 所示。具体操作步骤如下。

图 5-169 添加【渐变擦除】特效后的效果

01 新建项目和序列文件（DV-PAL|【标准 48kHz】），在【项目】面板的空白处双击，在打开的【导入】对话框中选择 "CDROM\ 素材 \Cha05\014.jpg、015.jpg" 文件，单击【打开】按钮，如图 5-170 所示。

02 在【项目】面板中选择 014.jpg 素材文件，将其添加至【序列】面板中的视频轨道 1 上，将 015.jpg 添加至【序列】面板中的视频轨道 2 上，如图 5-171 所示。

图 5-170 选择素材文件

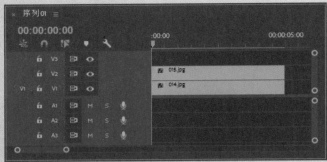

图 5-171 将素材拖曳至序列轨道中

03 将 014.jpg、015.jpg 素材文件的【缩放】设置为 77，如图 5-172 所示。

04 切换至【效果】面板，打开【视频效果】文件夹，选择【过渡】下的【渐变擦除】特效，并将其添加至【序列】面板中的 015.jpg 素材文件上，如图 5-173 所示。

图 5-172 设置【缩放】参数

图 5-173 选择【渐变擦除】特效

05 将当前时间设置为 00:00:00:00，切换至【效果控件】面板，展开【渐变擦除】选项，单击【过渡完成】左侧的【切换动画】按钮，如图 5-174 所示。

06 将当前时间设置为 00:00:04:04，切换至【效果控件】面板，将【过渡完成】设置为 100%，如图 5-175 所示。

图 5-174 设置参数

图 5-175 设置【过渡完成】参数

5.13.4 【百叶窗】特效

【百叶窗】特效可以将图像分割成类似百叶窗的长条状。其选项组如图 5-176 所示。效果如图 5-177 所示。

图 5-176　【百叶窗】特效选项组

图 5-177　添加【百叶窗】特效后的效果

在【效果控件】面板中，可以对【百叶窗】特效进行以下设置。

● 【过渡完成】：可以调整分割后图像之间的缝隙。

● 【方向】：通过调整方向的角度，可以调整百叶窗的角度。

● 【宽度】：可以调整图像被分割后的每一条的宽度。

● 【羽化】：通过调整羽化值，可以对图像的边缘进行不同程度的模糊。

5.13.5　【线性擦除】特效

【线性擦除】特效是利用黑色区域从图像的一边向另一边抹去，最后使图像完全消失。其选项组如图 5-178 所示。效果如图 5-179 所示。

在【效果控件】面板中，可以对【线性擦除】特效进行以下设置。

● 【过渡完成】：可以调整图像中黑色区域的覆盖面积。

● 【擦除角度】：用来调整黑色区域的角度。

● 【羽化】：通过调整羽化值，可以对黑色区域与图像的交接处进行不同程度的模糊。

图 5-178　【线性擦除】特效选项组

图 5-179　添加【线性擦除】特效后的效果

5.14　【透视】视频特效

本节讲解【透视】文件夹下的【基本 3D】、【投影】、【放射阴影】、【斜角边】和【斜面 Alpha】视频效果的使用。

5.14.1　【基本 3D】特效

【基本 3D】特效可以在一个虚拟的三维空间中操纵素材，可以围绕水平和垂直旋转图像和移动或远离屏幕。使用简单 3D 效果，还可以使一个旋转的表面产生镜面反射高光，而光源位置总是在观看者的左后上方，因为光来自上方，图像就必须向后倾斜才能看见反射。效果如图 5-180 所示。

图 5-180　添加【基本 3D】特效后的效果

01 新建项目和序列文件（DV-PAL| 标准【48kHz】），在【项目】面板的空白处双击，在打开的【导入】对话框中选择 "CDROM\ 素材 \Cha05\016.jpg" 素材文件，单击【打开】按钮，如图 5-181 所示。

02 在【项目】面板中选择 016.jpg 素材文件，将其添加至【序列】面板中的视频轨道上，如图 5-182 所示。

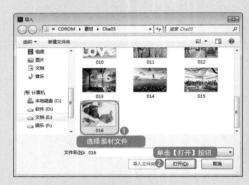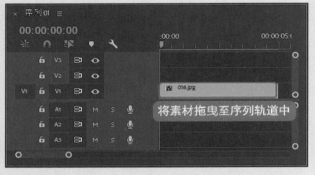

图 5-181　选择素材文件　　　　　图 5-182　将素材拖曳至序列轨道中

03 在【序列】面板中选择 016.jpg 素材文件，切换至【效果控件】面板，展开【运动】选项，将【缩放】设置为 78，如图 5-183 所示。

04 切换至【效果】面板，打开【视频效果】文件夹，选择【透视】下的【基本 3D】特效，如图 5-184 所示。

图 5-183　设置【缩放】参数　　　　　图 5-184　选择【基本 3D】特效

05 将其添加至【序列】面板中的 016.jpg 素材文件上，如图 5-185 所示。

06 切换至【效果控件】面板，展开【基本 3D】选项，将【旋转】设置为 25°，【倾斜】设置为 -10°，【与图像的距离】设置为 10，如图 5-186 所示。

图 5-185 添加特效

图 5-186 设置【基本 3D】参数

5.14.2 【投影】特效

【投影】特效用于给素材添加一个阴影效果。其选项组如图 5-187 所示。效果如图 5-188 所示。

图 5-187 【投影】特效选项组

图 5-188 添加【投影】特效后的效果

5.14.3 【放射阴影】特效

【放射阴影】特效利用素材上方的电光源来造成阴影效果，而不是无限的光源投射。阴影从源素材上通过 Alpha 通道产生影响。其选项组如图 5-189 所示。效果如图 5-190 所示。

图 5-189 【放射阴影】特效选项组

图 5-190 添加【放射阴影】特效后的效果

5.14.4 【斜角边】特效

【斜角边】特效能给图像边缘产生一个凿刻的高亮的三维效果。边缘的位置由源图像的 Alpha 通道来确定。与 Alpha 边框效果不同，该效果中产生的边缘总是成直角。其选项组如图 5-191 所示。效果如图 5-192 所示。

图 5-191　【斜角边】特效选项组

图 5-192　添加【斜角边】特效后的效果

5.14.5　【斜面 Alpha】特效

【斜面 Alpha】特效能够产生一个倒角的边，而且图像的 Alpha 通道边界会变亮。通常是为一个二维赋予三维效果。如果素材没有 Alpha 通道或它的 Alpha 通道是完全不透明的，那么这个效果就会全应用到素材的边缘。其选项组如图 5-193 所示。效果如图 5-194 所示。

图 5-193　【斜面 Alpha】特效选项组

图 5-194　添加【斜面 Alpha】特效后的效果

5.15　【通道】视频特效

本节讲解【通道】文件夹下的【反转】、【复合运算】、【混合】、【算术】、【纯色合成】、【计算】和【设置遮罩】视频效果的使用。

5.15.1　【反转】特效

【反转】特效用于将图像的颜色信息反相。其选项组如图 5-195 所示。效果如图 5-196 所示。

图 5-195　【反转】特效选项组

图 5-196　添加【反转】特效后的效果

5.15.2 【复合运算】特效

【复合运算】选项组如图 5-197 所示。效果如图 5-198 所示。

图 5-197 【复合运算】特效选项组

图 5-198 添加【复合运算】特效后的效果

5.15.3 【混合】特效

【混合】特效能够采用五种模式中的任意一种来混合两个素材。打开 017.jpg、018jpg 素材文件，如图 5-199 所示，将其分别拖入【序列】面板中的 V1 和 V2 轨道中。其选项组如图 5-200 所示。

图 5-199 打开素材文件

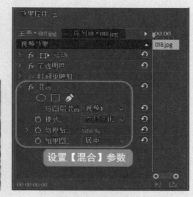

图 5-200 【混合】特效选项组

效果如图 5-201 所示。

图 5-201 添加【混合】特效后的效果

5.15.4 【算术】特效

【算术】特效对一个图像的红、绿、蓝通道进行不同的简单东欧数学操作。其选项组如图 5-202 所示。效果如图 5-203 所示。

图 5-202　【算术】特效选项组　　　　图 5-203　添加【算术】特效后的效果

■ 5.15.5　【纯色合成】特效

【纯色合成】特效将图像进行单色混合并改变混合颜色。其选项组如图 5-204 所示。效果如图 5-205 所示。

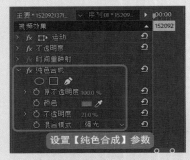
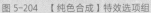

图 5-204　【纯色合成】特效选项组　　　　图 5-205　添加【纯色合成】特效后的效果

■ 5.15.6　【计算】特效

【计算】特效将一个素材的通道与另一个素材的通道结合在一起。其选项组如图 5-206 所示。效果如图 5-207 所示。

图 5-206　【计算】特效选项组　　　　图 5-207　添加【计算】特效后的效果

■ 5.15.7　【设置遮罩】特效

【设置遮罩】特效的选项组如图 5-208 所示。效果如图 5-209 所示。

图 5-208　【设置遮罩】特效选项组

图 5-209　添加【设置遮罩】特效后的效果

5.16　【键控】视频特效

本节讲解【键控】文件夹下的【Alpha 调整】、【亮度键】、【图像遮罩键】、【差值遮罩】、【移除遮罩】、【超级键】、【轨道遮罩键】、【非红色键】和【颜色键】视频效果的使用。

■ 5.16.1　【Alpha 调整】特效

【Alpha 调整】特效是通过控制素材的 Alpha 通道来实现抠像效果，可以勾选【忽视 Alpha】复选框，忽略素材的 Alpha 通道，不让其产生透明。效果如图 5-210 所示。

图 5-210　添加【Alpha 调整】特效后的效果

具体操作步骤如下。

01 新建项目和序列文件（DV-PAL|【标准 48kHz】），在【项目】面板的空白处双击，在打开的【导入】对话框中选择 "CDROM\ 素材 \Cha05\019.jpg" 素材文件，单击【打开】按钮，如图 5-211 所示。

02 在【项目】面板中选择 019.jpg 素材文件，将其添加至【序列】面板中的视频轨道上，如图 5-212 所示。

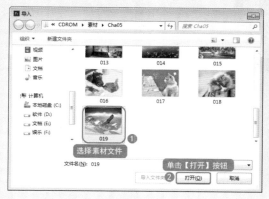

图 5-211　选择素材文件

图 5-212　将素材拖曳至序列轨道中

03 在【序列】面板中选择 019.jpg 素材文件，切换至【效果控件】面板，展开【运动】选项，将【缩放】设置为 80，如图 5-213 所示。

04 切换至【效果】面板，打开【视频效果】文件夹，选择【键控】下的【Alpha 调整】特效，如图 5-214 所示。

图 5-213　设置【缩放】参数　　　　　　　　　　　图 5-214　选择【Alpha 调整】特效

05 将其添加至【序列】面板中的 019.jpg 素材文件上，如图 5-215 所示。

06 切换至【效果控件】面板中，展开【Alpha 调整】选项，将【不透明度】设置为 50%，如图 5-216 所示。

 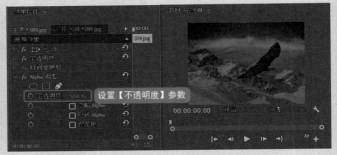

图 5-215　添加特效　　　　　　　　　　　　图 5-216　设置【不透明度】参数

5.16.2 【亮度键】特效

【亮度键】特效可以在键出图像的灰度值的同时保持它的色彩值。【亮度键】特效常用来在纹理背景上附加影片。效果如图 5-217 所示。

图 5-217　添加【亮度键】特效后的效果

具体操作步骤如下。

01 新建项目和序列文件（DV-PAL|【标准 48kHz】），在【项目】面板的空白处双击，在打开的【导入】对话框中选择 "CDROM\ 素材 \Cha05\020.jpg" 素材文件，单击【打开】按钮，如图 5-218 所示。

02 在【项目】面板中选择 020.jpg 素材文件，将其添加至【序列】面板中的视频轨道上，如图 5-219 所示。

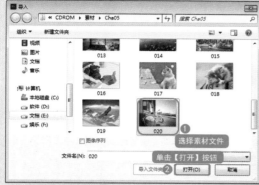

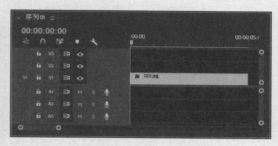

图 5-218　选择素材文件　　　　　　　　　　　　　图 5-219　将素材拖曳至序列轨道中

03 切换至【效果】面板，打开【视频效果】文件夹，选择【键控】下的【亮度键】特效，如图 5-220 所示。

04 切换至【效果控件】面板，展开【亮度键】选项，将【阈值】设置为 70%，【屏蔽度】设置为 10%，如图 5-221 所示。

图 5-220　选择【亮度键】特效　　　　　　　图 5-221　设置【亮度键】参数

5.16.3　【图像遮罩键】特效

【图像遮罩键】特效是在图像素材的亮度值基础上去除素材图像，透明的区域可以将下方的素材显示出来，同样也可以使用【图像遮罩键】特效进行反转，效果如图 5-222 所示。

图 5-222　添加【图像遮罩键】特效后的效果

具体操作步骤如下。

01 新建项目和序列文件（DV-PAL|【标准 48kHz】），在【项目】面板的空白处双击，在打开的【导入】对话框中选择 "CDROM\ 素材 \Cha05\021.jpg" 素材文件，单击【打开】按钮，如图 5-223 所示。

02 在【项目】面板中选择 021.jpg 素材文件，将其添加至【序列】面板中的视频轨道上，如图 5-224 所示。

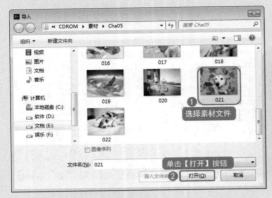

图 5-223　选择素材文件

图 5-224　将素材拖曳至序列轨道中

03 切换至【效果】面板，打开【视频效果】文件夹，选择【键控】下的【图像遮罩键】特效，并将其添加至【序列】面板中的 021.jpg 素材文件上，如图 5-225 所示。

04 切换至【效果控件】面板，展开【图像遮罩键】选项，单击【设置】按钮，如图 5-226 所示。

图 5-225　选择【图像遮罩键】特效

图 5-226　单击【设置】按钮

05 打开【选择遮罩图像】对话框，将 022.jpg 素材文件复制到桌面上。选择一张素材图像，单击【打开】按钮，如图 5-227 所示。

06 在【效果控件】面板中将【合成使用】设置为【亮度遮罩】，如图 5-228 所示。

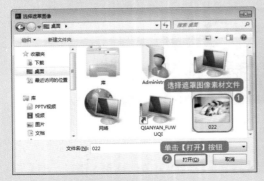

图 5-227　选择素材图像

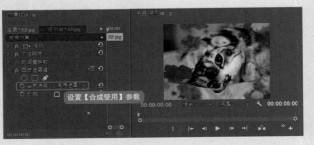

图 5-228　设置【合成使用】

■ 5.16.4 【差值遮罩】特效

【差值遮罩】特效如图 5-229 所示。

图 5-229　添加【差值遮罩】特效后的效果

　　具体操作步骤如下。

01 新建项目和序列文件（DV-PAL|【标准 48kHz】），在【项目】面板的空白处双击，在打开的【导入】对话框中选择 "CDROM\ 素材 \Cha05\023.jpg、024.jpg" 素材文件，单击【打开】按钮，如图 5-230 所示。

02 在【项目】面板中选择 023.jpg 素材文件，将其添加至【序列】面板中的视频轨道 1 上，如图 5-231 所示。使用同样的方法将 024.jpg 素材文件添加至【序列】面板中的视频轨道 2 上。

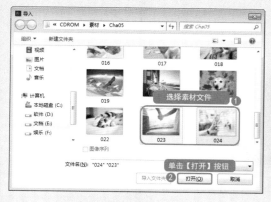

图 5-230　选择素材文件

图 5-231　将素材拖曳至序列轨道中

03 在【序列】面板中选择 023.jpg、024.jpg 素材文件，切换至【效果控件】面板，展开【运动】选项，将【缩放】设置为 77，如图 5-232 所示。

04 切换至【效果】面板，打开【视频效果】文件夹，选择【键控】下的【差值遮罩】特效，如图 5-233 所示。

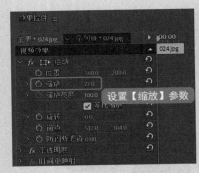

图 5-232　设置【缩放】参数　　　　图 5-233　选择【差值遮罩】特效

05 将其添加至【序列】面板中的 024.jpg 素材文件上，如图 5-234 所示。

06 切换至【效果控件】面板，展开【差值遮罩】选项，将【视图】设置为【仅限遮罩】，【差值图层】设置为【视频 1】，【如果图层大小不同】设置为【伸缩以适合】，【匹配容差】设置为 15%，【匹配柔和度】设置为 5%，【差值前模糊】设置为 2，如图 5-235 所示。

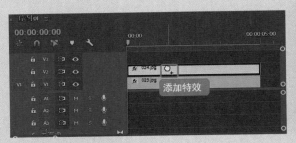

图 5-234　添加特效

图 5-235　设置【差值遮罩】参数

5.16.5　【移除遮罩】特效

　　【移除遮罩】特效可以移动来自素材的颜色。如果从一个透明通道导入影片或者用 After Effects 创建透明通道，需要除去来自一个图像的光晕。光晕是由图像色彩与背景或表面粗糙的色彩之间的较大差异引起的。除去或者改变表面粗糙的颜色能除去光晕。

5.16.6　【超级键】特效

　　【超级键】特效可以快速、准确地在具有挑战性的素材上进行抠像，还可以对 HD 高清素材进行实时抠像。该特效对于照明不均匀、背景不平滑的素材以及人物的卷发都有很好的抠像效果，其选项组如图 5-236 所示。效果如图 5-237 所示。

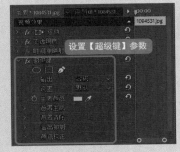
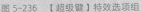

图 5-236　【超级键】特效选项组　　　图 5-237　添加【超级键】特效后的效果

5.16.7　【轨道遮罩键】特效

【轨道遮罩键】特效与【图像遮罩键】特效的工作原理相同，都是利用指定遮罩对当前抠像对象进行透明区域定义，但是【轨道遮罩键】特效更加灵活。由于使用序列中的对象作为遮罩，所以可以使用动画遮罩或者为遮罩设置运动。其选项组如图 5-238 所示。效果如图 5-239 所示。

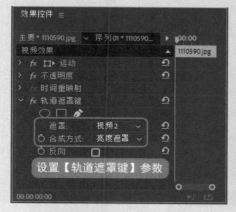

图 5-238　【轨道遮罩键】特效选项组

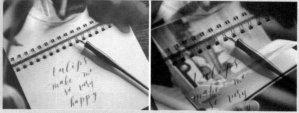

图 5-239　添加【轨道遮罩键】特效后的效果

> **提示一下**
>
> 　　一般情况下，一个轨道的影片作为另一个轨道的影片的遮罩使用后，应该关闭该轨道显示。

5.16.8　【非红色键】特效

【非红色键】特效用在蓝、绿色背景的画面上创建透明效果，类似于前面所讲到的【蓝屏键】。该特效可以混合两素材片段或创建一些半透明的对象。它与绿背景配合工作时效果尤其好，可以用灰度图像作为屏蔽，效果如图 5-240 所示。

图 5-240　添加【非红色键】特效后的效果

具体操作步骤如下。

01 新建项目和序列文件（DV-PAL|【标准 48kHz】），在【项目】面板的空白处双击，在打开的对话框中选择 "CDROM\ 素材 \Cha05\025.jpg" 素材文件，单击【打开】按钮，如图 5-241 所示。

02 在【项目】面板中选择 025.jpg 素材文件，将其添加至【序列】面板中的视频轨道上，如图 5-242 所示。

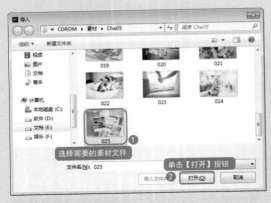

图 5-241 选择素材文件

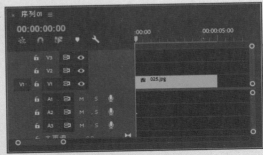

图 5-242 将素材拖曳至序列轨道中

03 在【序列】面板中选择 025.jpg 素材文件，切换至【效果控件】面板，展开【运动】选项，将【缩放】设置为 77，如图 5-243 所示。

04 切换至【效果】面板，打开【视频效果】文件夹，选择【键控】下的【非红色键】特效，如图 5-244 所示。

图 5-243 设置【缩放】参数

图 5-244 选择【非红色键】特效

05 将其添加至【序列】面板中的 025.jpg 素材文件上，如图 5-245 所示。

06 切换至【效果控件】面板，展开【非红色键】选项，将【去边】设置为【绿色】，如图 5-246 所示。

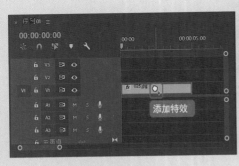

图 5-245 添加特效

图 5-246 设置【去边】参数

5.16.9 【颜色键】特效

　　【颜色键】特效可以去掉图像中所指定颜色的像素，这种特效只会影响素材的 Alpha 通道，选项组如图 5-247 所示。效果如图 5-248 所示。

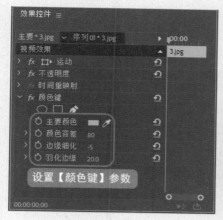

图 5-247 【颜色键】特效选项组

图 5-248 添加【颜色键】特效后的效果

5.17 【风格化】视频特效

本节讲解【风格化】文件夹下的【Alpha 发光】、【复制】、【彩色浮雕】、【抽帧】、【曝光过度】、【查找边缘】、【浮雕】、【画笔描边】、【粗糙边缘】、【纹理化】、【闪光灯】、【阈值】和【马赛克】视频效果的使用。

■ 5.17.1 【Alpha 发光】特效

【Alpha 发光】特效可以对素材的 Alpha 通道起作用,从而产生一种辉光效果,如果素材拥有多个 Alpha 通道,那么仅对第一个 Alpha 通道起作用,其选项组如图 5-249 所示。效果如图 5-250 所示。

图 5-249 【Alpha 发光】特效选项组

图 5-250 添加【Alpha 发光】特效后的效果

■ 5.17.2 【复制】特效

【复制】特效将屏幕分块,并在每一块中都显示整个图像,用户可以通过拖动滑块设置每行或每列的分块数目,其选项组如图 5-251 所示。效果如图 5-252 所示。

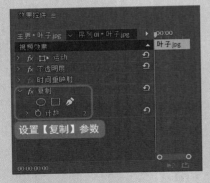

图 5-251　【复制】特效选项组　　　　　　图 5-252　添加【复制】特效后的效果

5.17.3　【彩色浮雕】特效

　　【彩色浮雕】特效用于锐化图像中物体的边缘并修改图像颜色。这个效果会从一个指定的角度使边缘高光显示，其选项组如图 5-253 所示。效果如图 5-254 所示。

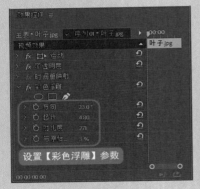

图 5-253　【彩色浮雕】特效选项组　　　　图 5-254　添加【彩色浮雕】特效后的效果

5.17.4　【抽帧】特效

　　【抽帧】特效通过对色阶值进行调整可以控制影视素材片段的亮度和对比度，从而产生类似于海报的效果，其选项组如图 5-255 所示。效果如图 5-256 所示。

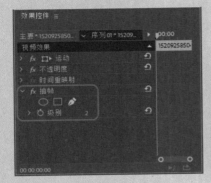

图 5-255　【抽帧】特效选项组　　　　　　图 5-256　添加【抽帧】特效后的效果

■ 5.17.5 【曝光过度】特效

【曝光过度】特效将产生一个正片与负片之间的混合,引起晕光效果,类似一张相片在显影时快速曝光,其选项组如图 5-257 所示。效果如图 5-258 所示。

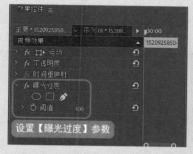

图 5-257 【曝光过度】特效选项组

图 5-258 添加【曝光过度】特效后的效果

■ 5.17.6 【查找边缘】特效

【查找边缘】特效用于识别图像中有显著变化的边缘,边缘可以显示为白色背景上的黑线和黑色背景上的彩色线,其选项组如图 5-259 所示。效果如图 5-260 所示。

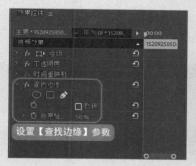

图 5-259 【查找边缘】特效选项组

图 5-260 添加【查找边缘】特效后的效果

■ 5.17.7 【浮雕】特效

【浮雕】特效用于锐化图像中物体的边缘并修改图像颜色。这个效果会从一个指定的角度使边缘高光显示,其选项组如图 5-261 所示。效果如图 5-262 所示。

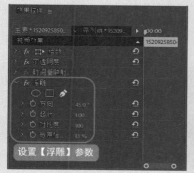

图 5-261 【浮雕】特效选项组

图 5-262 添加【浮雕】特效后的效果

■ 5.17.8 【画笔描边】特效

【画笔描边】特效可以为图像添加一个粗略的着色效果，也可以通过设置该特效笔触的长短和密度制作出油画风格的图像，其选项组如图 5-263 所示。效果如图 5-264 所示。

图 5-263　【画笔描边】特效选项组

图 5-264　添加【画笔描边】特效后的效果

■ 5.17.9 【粗糙边缘】特效

【粗糙边缘】特效可以使图像的边缘产生粗糙效果，在边缘类型列表中可以选择图像的粗糙类型，如腐蚀、影印等，其选项组如图 5-265 所示。效果如图 5-266 所示。

图 5-265　【粗糙边缘】特效选项组

图 5-266　添加【粗糙边缘】特效后的效果

■ 5.17.10 【纹理化】特效

【纹理化】特效将使素材看起来具有其他素材的纹理效果，其选项组如图 5-267 所示。效果如图 5-268 所示。

图 5-267　【纹理化】特效选项组

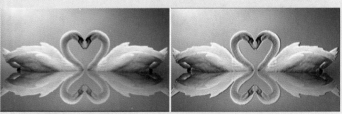

图 5-268　添加【纹理化】特效后的效果

5.17.11 【闪光灯】视频特效

【闪光灯】特效用于模拟频闪或闪光灯效果，它随着片段的播放按一定的控制率隐掉一些视频帧。其选项组如图 5-269 所示。效果如图 5-270 所示。

图 5-269　【闪光灯】特效选项组

图 5-270　添加【闪光灯】特效后的效果

5.17.12 【阈值】视频特效

【阈值】特效将素材转化为黑、白两种色彩，通过调整电平值来影响素材的变化，当值为 0 时，素材为白色，当值为 255 时，素材为黑色，一般情况下取中间值，其选项组如图 5-271 所示。效果如图 5-272 所示。

图 5-271　【阈值】特效选项组

图 5-272　添加【阈值】特效后的效果

5.17.13 【马赛克】特效

【马赛克】特效将大量的单色矩形填充在一个图层，其选项组如图 5-273 所示。效果如图 5-274 所示。

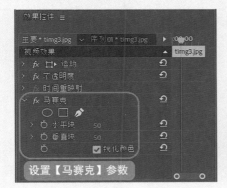

图 5-273　【马赛克】特效选项组

图 5-274　添加【马赛克】特效后的效果

课后练习

项目练习　制作幻彩花朵效果

效果展示：

操作要领：

（1）将背景图片拖曳至视频轨道上；

（2）为素材文件添加【色彩平衡（HLS）】特效；

（3）通过添加关键帧来制作幻彩花朵效果。

CHAPTER 06

制作动感 DJ——音频剪辑详解

本章概述 SUMMARY

- ■ 基础知识
  - ✓ 音频的分类
  - ✓ 音频控制台
- ■ 重点知识
  - ✓ 实时调节音频
  - ✓ 添加与设置子轨道
- ■ 提高知识
  - ✓ 为素材添加特效
  - ✓ 设置轨道特效

本章将介绍音频素材的编辑方法，用户可以通过【音轨混合器】面板编辑音频。

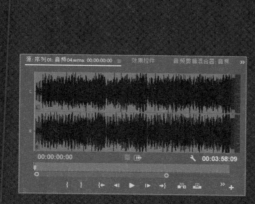

◎ 立体声

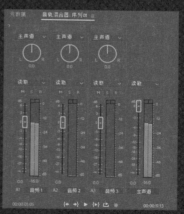

◎ 【音轨混合器】面板

【入门必练】制作回声效果

回声是常见的一种音效，通过设置【延迟】特效，可以非常逼真地模拟出声音的传播、反射、减弱效果。

01 启动 Premiere Pro CC 2018 软件，新建项目和序列。导入 "CDROM\ 素材 \Cha06\ 音频 01.mp3" 文件。将导入的音频拖曳至【时间轴】面板 A1 轨道中。

02 选择轨道中的音频素材，切换至【效果】面板，在【音频效果】中双击【延迟】音频效果，如图 6-1 所示。

03 打开【效果控件】面板，将当前时间设置为 00:00:00:00。单击【延迟】中【反馈】和【混合】左侧的【切换动画】按钮，将【反馈】设置为 60.0%，【混合】设置为 70.0%，如图 6-2 所示。

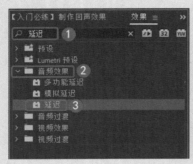 

图 6-1　双击【延迟】音频效果　　　　　　　图 6-2　设置参数

04 将当前时间设置为 00:00:03:22，【反馈】设置为 20.0%，如图 6-3 所示。

05 将当前时间设置为 00:00:08:15，【反馈】设置为 50.0%，【混合】设置为 30.0%，如图 6-4 所示。

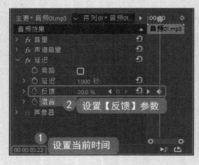 

图 6-3　设置【反馈】参数　　　　　　　图 6-4　设置参数

6.1　音频的分类

在 Premiere Pro 中能够新建单声道、立体声和 5.1 声道 3 种类型的音频轨道，并且每种轨道只能添加相对应类型的音频素材。

1. 单声道

单声道的音频素材只包含一个音轨，其录制技术是最早问世的音频制式，若使用双声道的扬声器播放单声道音频，则两个声道的声音完全相同。单声道音频素材在【源监视器】面板中的显示效果如图 6-5 所示。

2. 立体声

立体声是在单声道的基础上发展起来的，该录音技术至今依然被广泛使用。在使用立体声录音技术录制音频时，使用左右两个单声道系统，将两个声道的音频信息分别记录，可以准确再现声源点的位置及其运动效果，其主要作用是能为声音定位。立体声音频素材在【源监视器】面板中的显示效果如图 6-6 所示。

图 6-5　单声道

图 6-6　立体声

3.5.1 声道

5.1 声道录音技术是美国杜比实验室在 1994 年发明的，因此该技术最早的名称即为杜比数码（Dolby Digital，俗称 AC-3）环绕声，主要应用于电影的音效系统中，是 DVD 影片的标准音频格式。该系统采用高压缩的数码音频压缩系统，能在有限的范围内将 5+0.1 声道的音频数据全部记录在合理的频率带宽之内。5.1 声道包括左、右主声道，中置声道，右后、左后环绕声道以及一个独立的超重低音声道。由于超重低音声道仅提供 100 Hz 以下的超低音信号，该声道只被看成 0.1 个声道，因此杜比数码环绕声又简称为 5.1 声道环绕声系统。

6.2　音频控制台

在诸多的影视编辑软件中，Premiere Pro 具有非常出色的音频控制能力，除了可在多个面板中使用多种方法编辑音频素材外，还为用户提供了专业的音频控制面板——【音轨混合器】面板。

■ 6.2.1　【音轨混合器】面板

【音轨混合器】面板可以实时混合【序列】面板中各轨道的音频对象，如图 6-7 所示。调音台由若干个轨道音频控制器、主音频控制器和播放控制器组成，每个控制器由控制按钮、调节滑块音频组成。通过该面板，用户可更直观地对多个轨道的音频进行添加特效、录制等操作，下面讲解【音轨混合器】面板中的工具选项、控制方法及工具栏。

1. 轨道名称

在该区域中，显示了当前编辑项目中所有音频轨道的名称。用户可以通过【音轨混合器】面板随意对轨道名称进行编辑。

2. 自动模式

在每个音频轨道名称的上面都有一个【自动模式】按钮，单击该按钮，即可打开当前轨道的多种自动模式，如图 6-8 所示。【自动模式】可读取音频调节效果或实时记录音频调节，其中包括【关】、【读取】、【闭锁】、【触动】和【写入】等选项，如图 6-9 所示。

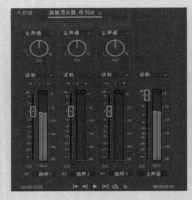
图 6-7 【音轨混合器】面板

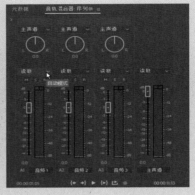
图 6-8 自动模式

3. 声道调节滑轮

在【自动模式】按钮上方是声道调节滑轮，该控件用于控制单声道中左右音量的大小。在使用声道调节滑轮调整声道左右音量的大小时，可以通过左右旋转控件以及设置参数值等方式进行调整。

4. 音量调节滑块

该控件用于控制单声道中总体音量的大小。每个轨道下都有一个音量控件，包括主声道，如图 6-10 所示。

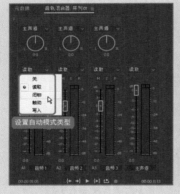
图 6-9 【自动模式】类型

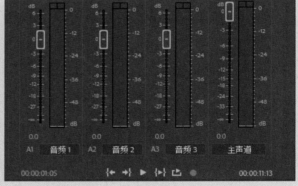
图 6-10 音量调节滑块

除了上面介绍的几个大的控件以外，【音轨混合器】面板中还有几个体积较小的控件，如【静音轨道】按钮、【独奏轨道】按钮和【启用轨道以进行录制】按钮等。

- 【静音轨道】按钮用于控制当前轨道是否静音。在播放素材的过程中，单击该按钮，即可将当前音频静音，方便用户比较编辑效果。
- 【独奏轨道】按钮用于控制其他轨道是否静音。单击【独奏轨道】按钮，其他未选中【独奏轨道】按钮的轨道的音频会自动设置为静音，如图 6-11 所示。
- 【启用轨道以进行录制】按钮，可以利用输入设备将声音录制到目标轨道上。

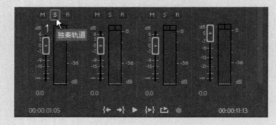
图 6-11 独奏轨道

6.2.2 音频关键帧

在【时间线】面板中，与创建关键帧有关的工具主要有【显示关键帧】按钮 和【添加－移除关键帧】按钮 。

1.【显示关键帧】按钮

【显示关键帧】按钮主要用于控制轨道中显示的关键帧类型。单击该按钮，即可打开关键帧类型，如图 6-12 所示。

2.【添加－移除关键帧】按钮

【添加－移除关键帧】按钮主要用于在轨道中添加或者移除关键帧，如图 6-13 所示。

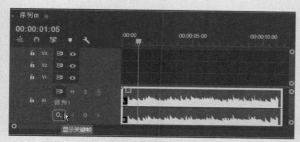

图 6-12 【显示关键帧】按钮

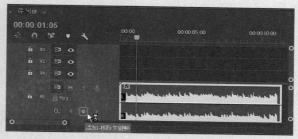

图 6-13 【添加－移除关键帧】按钮

> **提示一下**
>
> 添加与移除关键帧：在素材的某一位置，单击【添加－移除关键帧】按钮，即可添加一个关键帧，再次单击【添加－移除关键帧】按钮，可移除当前时刻的关键帧。

6.3 编辑音频

本节通过使用淡化器调节音量、实时调节音频、添加与设置子轨道和增益音频来讲解如何编辑音频。

6.3.1 使用淡化器调节音量

执行【显示素材关键帧】或【显示轨道关键帧】命令，可分别调节素材或轨道的音量。具体操作步骤如下。

01 新建项目和序列，在打开的【导入】对话框中选择 "CDROM\ 素材 \Cha06\ 音频 02.mp3" 素材文件，单击【打开】按钮。如图 6-14 所示。

02 将 "音频 02.mp3" 素材文件拖曳到 A1 音频轨道中。默认情况下，音频轨道窗口卷展栏关闭。选择音频轨道，滑动鼠标将音频轨道窗口展开，如图 6-15 所示。

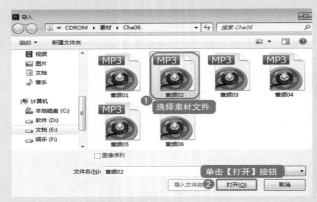

图 6-14 选择素材文件

图 6-15 滑动鼠标展开音频轨道窗口

03 在【工具】面板中选择【钢笔工具】，按住 Ctrl 键，使用该工具拖动音频素材（或轨道）上的白线即可调整音量，如图 6-16 所示。

04 在【工具】面板中选择【钢笔工具】，同时将光标移动到音频淡化器上，光标变为带有加号的笔头，如图 6-17 所示。

图 6-16 使用【钢笔工具】调整音量　　　　　　　　　　图 6-17 带有加号的笔头

05 单击鼠标左键生成一个句柄，也可根据需要生成多个句柄。按住鼠标左键上下拖动句柄，句柄之间的直线指示音频素材是淡入或者淡出：一条递增的直线表示音频淡入，一条递减的直线表示音频淡出，如图 6-18 所示。

06 用鼠标右键单击音频素材，在弹出的快捷菜单中执行【音频增益】命令，打开【音频增益】对话框，将【调整增益值】设置为 7dB，单击【确定】按钮，如图 6-19 所示。

图 6-18 设置音频淡入、淡出

图 6-19 设置音频增益

07 查看设置的音频增益，如图 6-20 所示。

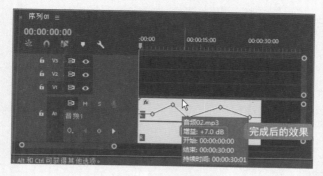

图 6-20　查看增益效果

6.3.2　实时调节音频

使用 Premiere Pro CC 2018 的【音轨混合器】面板调节音量非常方便，可以在播放音频时实时进行音量调节。具体操作步骤如下。

01 新建项目和序列，在打开的【导入】对话框中选择随书附带的"CDROM\ 素材 \Cha06\ 音频 03.mp3"素材文件，单击【打开】按钮，如图 6-21 所示。

02 将"音频 03.mp3"素材文件拖曳到 A1 音频轨道中，如图 6-22 所示。

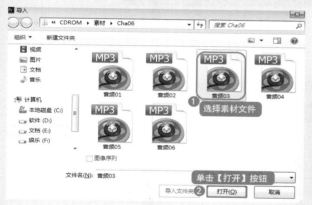

图 6-21　选择素材文件

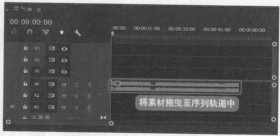

图 6-22　拖曳到 A1 音频轨道中

03 在菜单栏中执行【窗口】|【音轨混合器】命令，在【音轨混合器】面板中需要进行调节的轨道上单击【读取】下拉按钮，在下拉列表中进行设置，如图 6-23 所示。

04 单击混音器播放按钮▶，【序列】面板中的音频素材开始播放。拖动音量控制滑块进行调节，调节完毕，系统自动记录调节结果。

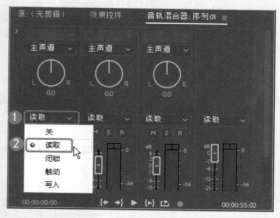

图 6-23　调节音频

■ 6.3.3　添加与设置子轨道

我们可以为每个音频轨道增添子轨道，并且分别对每个子轨道进行不同的调节，或者添加不同特效来完成复杂的声音效果设置。需要注意的是，子轨道是依附于其主轨道存在的，所以，在子轨道中无法添加音频素材，仅作为辅助调节使用。具体操作步骤如下。

01 新建项目和序列，在【项目】面板中双击，打开【导入】对话框，导入"CDROM\ 素材 \Cha06\ 音频 04.mp3"素材文件，如图 6-24 所示。

02 将"音频 04.mp3"素材文件拖曳到 A1 音频轨道中，如图 6-25 所示。

图 6-24　导入素材文件

图 6-25　拖曳到 A1 音频轨道中

03 单击【音轨混合器】面板左侧的 ❯ 按钮，展开特效和子轨道设置栏。在子轨道的区域中单击下三角按钮，弹出子轨道下拉列表，如图 6-26 所示。

04 在下拉列表中选择【创建单声道子混合】命令，为当前音频轨道添加子轨道，如图 6-27 所示。

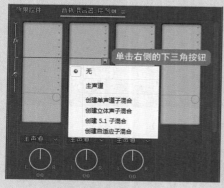

图 6-26　弹出子轨道下拉列表

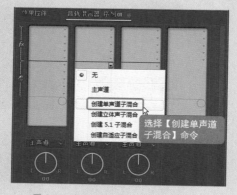

图 6-27　执行【创建单声道子混合】命令

05 单击子轨道调节栏右上角 🔘 图标，使其变为 🔘，可以屏蔽当前子轨道效果，如图 6-28 所示。

图 6-28　屏蔽子轨道

■ 6.3.4 增益音频

音频素材的增益指的是音频信号的声调高低。在节目中经常要处理声音的声调，特别是当同一个视频同时出现几个音频素材时，就要平衡几个素材的增益，否则一个素材的音频信号或低或高，都会影响浏览。可为一个音频剪辑设置整体的增益。尽管音频增益的调整在音量、摇摆 / 平衡和音频效果调整之后，但它并不会删除这些设置。增益设置对于平衡几个剪辑的增益级别或者调节一个剪辑的过高或过低的音频信号是十分有用的。

同时，如果一个音频素材在数字化时，由于捕获的设置不当，也会常常造成增益过低，而用 Premiere Pro CC 2018 提高素材的增益，有可能增大素材的噪声甚至造成失真。要使输出效果达到最好，就应按照标准步骤进行操作，以确保每次数字化音频剪辑时有合适的增益级别。

调整音频增益的具体操作步骤如下。

01 新建项目和序列，在【项目】面板中双击，导入 "CDROM\ 素材 \Cha06\ 音频 05.mp3" 素材文件，将其拖曳到 A1 音频轨道中，如图 6-29 所示。

图 6-29　导入素材并拖曳到音频轨道中

02 在【序列】面板中，使用【选择工具】选择一个音频剪辑，此时剪辑周围出现灰色阴影框，表示该剪辑已经被选中，如图 6-30 所示。

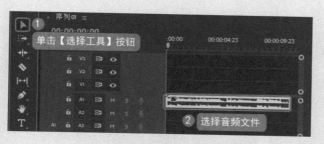

图 6-30　选择音频

03 在菜单栏中执行【剪辑】|【音频选项】|【音频增益】命令，打开【音频增益】对话框，将【调整增益值】设置为 8dB，单击【确定】按钮，如图 6-31 所示。

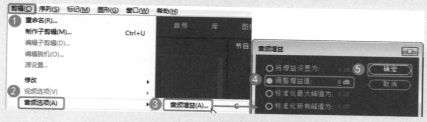

图 6-31　【音频增益】对话框

6.4 添加音频特效

Premiere Pro CC 2018 提供了 20 种以上的音频特效，可通过其产生回声、合声以及去除噪声的效果，还可使用扩展插件得到更多的控制。

6.4.1 为素材添加特效

音频素材的特效添加方法与视频素材相同，这里不再一一赘述。只列举一个特效进行讲解。具体操作步骤如下。

01 新建项目和序列，在【项目】面板中双击，导入"CDROM\ 素材 \Cha06\ 音频 06.mp3"素材文件，如图 6-32 所示。

02 将 "音频 06.mp3" 素材文件拖曳到 A1 音频轨道中，如图 6-33 所示。

图 6-32 导入素材文件

图 6-33 拖曳到 A1 音频轨道中

03 在【效果】面板中搜索【高音】特效，选择【高音】特效，如图 6-34 所示。

04 将其拖曳到音频素材文件上，如图 6-35 所示。

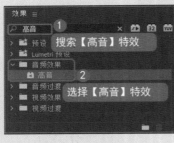
图 6-34 选择音频效果

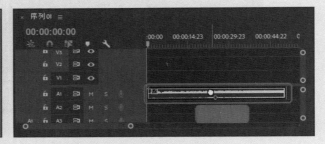
图 6-35 拖曳到素材上

6.4.2 设置轨道特效

Premiere Pro CC 2018 除了可以对轨道上的音频素材设置特效外，还可以直接为音频轨道添加特效。具体操作步骤如下。

01 新建项目和序列，在【项目】面板中双击，导入"CDROM\ 素材 \Cha06\ 音频 06.mp3"素材文件，将其拖曳到 A1 音频轨道中，如图 6-36 所示。

02 在【音轨混合器】面板中展开目标轨道的特效设置栏 ，单击右侧设置栏上的小三角，弹出音频特效下拉列表，执行【振幅与压限】|【动态处理】命令，如图 6-37 所示。

图 6-36　导入素材并拖曳到轨道中

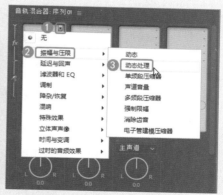

图 6-37　选择音频特效

03 添加【动态处理】音频特效的效果如图 6-38 所示。

04 如果要调节轨道的音频特效，可以右键单击特效，在弹出的快捷菜单中选择【编辑…】命令，如图 6-39 所示。

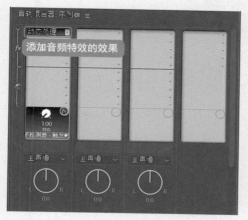

图 6-38　添加音频特效的效果

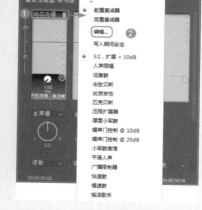

图 6-39　设置音频特效

05 打开【轨道效果编辑器】对话框，进行具体设置，如图 6-40 所示。

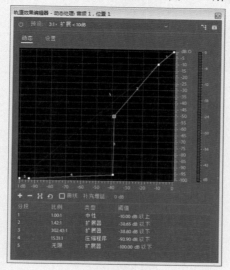

图 6-40　【轨道效果编辑器】对话框

课后练习

项目练习　调整音频的速度

操作要领：

（1）将音频拖曳至轨道中；

（2）用鼠标右键单击 A1 轨道中的音频素材文件，在弹出的快捷菜单中执行【速度 / 持续时间】命令；

（3）在打开的【剪辑速度 / 持续时间】对话框中，设置【速度】参数，勾选【保持音频音调】复选框；

（4）单击【确定】按钮，即可调整音频的速度。

CHAPTER 07

制作 AVI 格式影片——项目输出详解

本章概述 SUMMARY

- ■ 基础知识
  - ✓ 影片输出方式
  - ✓ 可输出的格式
- ■ 重点知识
  - ✓ 导出影片
  - ✓ 导出单帧图像
- ■ 提高知识
  - ✓ 视频设置
  - ✓ 音频设置

影片制作完成后，就需要对其进行导出，在 Premiere Pro CC 2018 软件中可以将影片导出为多种格式，本章介绍对导出选项的设置，并详细讲解将影片导出为不同格式的方法。

◎ 输出 AVI 格式的影片

◎ 导出单帧图像

【入门必练】输出 AVI 格式的影片

在 Premiere Pro CC 2018 中可以将影片导出为不同的类型。下面以导出为【媒体】为例对选择影片导出类型进行讲解，具体操作步骤如下。

01 启动 Premiere Pro CC 2018 软件，打开【打开项目】对话框，选择"素材\Cha07\001.prproj"工程文件，单击【打开】按钮，如图 7-1 所示。

02 打开【时间轴】面板，在菜单栏中执行【文件】|【导出】|【媒体】命令，如图 7-2 所示。

图 7-1　选择素材文件

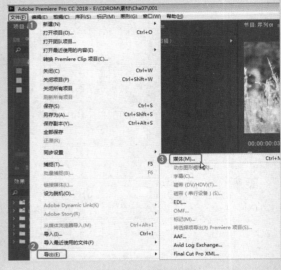

图 7-2　执行【媒体】命令

03 打开【导出设置】对话框，将【格式】设置为 AVI，单击【输出名称】右侧的蓝色文字，在打开的【另存为】对话框中，设置保存路径和名称，其他设置为默认，单击【导出】按钮，如图 7-3 所示。

图 7-3　【导出设置】对话框

提示一下 ◯

导出格式为【媒体】也可以直接按 Ctrl+M 组合键。

7.1 影片输出方式

下面详细讲解导出文件的各种方式。

在菜单栏中执行【文件】|【导出】命令,在弹出的子菜单中包含了 Premiere Pro CC 2018 软件支持的导出方式,如图 7-4 所示。

图 7-4 导出类型

各导出方式功能如下。

(1)【媒体】:选择该命令后,可以打开【导出设置】对话框,在该对话框中可以进行各种格式的媒体导出。

(2)【动态图形模板】:将脱机剪辑导出为批处理列表时,Premiere Pro CC 2018 按如下顺序排列字段:磁带名称、入点、出点、剪辑名称、记录注释、描述、场景和拍摄/获取。导出的字段数据是从【项目】面板【列表】视图中的相应列导出的。

(3)【字幕】:单独导出在 Premiere Pro CC 2018 软件中创建的字幕文件。

(4)【磁带(DV/HDV)(T)】:可以将计算机编辑的序列录制到 DV/HDV 设备的磁带上。

(5)【磁带(串行设备)】:通过专业录像设备将编辑完成的影片直接输入到磁带上。

(6)EDL:导出一个描述剪辑过程的数据文件,也可以导入到其他编辑软件进行编辑。

(7)OMF:将整个序列中所有激活的音频轨道导出为 OMF 格式,也可以导入到 DigiDesign Pro Tools 等软件中继续编辑润色。

(8)AAF:AAF 格式支持多平台多系统的编辑软件,也可导入到其他编辑软件中继续编辑,如 Avid Media Composer。

(9)Final Cut Pro XML:将剪辑数据转移到苹果平台的 Final Cut Pro 剪辑软件上继续进行编辑。

7.2 导出文件

在 Premiere Pro CC 2018 中，可以选择把文件导出为能在电视上直接播放的电视节目，也可以导出为专门在计算机上播放的 AVI 格式文件、静止图片序列或是动画文件。在设置文件的导出操作时，必须了解制作这个影视作品的目的，以及这个影视作品面向的对象，然后根据节目的应用场合和质量要求选择合适的导出格式。

■ 7.2.1 导出影片

本节讲解如何导出影片，具体操作步骤如下。

01 启动 Premiere Pro CC 2018 软件，在欢迎界面中，单击【打开项目】按钮，如图 7-5 所示。

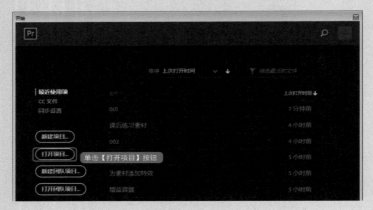

图 7-5 单击【打开项目】按钮

02 打开【打开项目】对话框，选择 "CDROM\ 素材 \Cha07\002.prproj" 工程文件，单击【打开】按钮，如图 7-6 所示。

图 7-6 选择工程文件

03 在节目监视器中单击【播放 - 停止切换】按钮，预览影片，如图 7-7 所示。

04 在菜单栏中执行【文件】|【导出】|【媒体】命令，如图 7-8 所示。

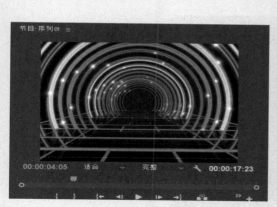

图 7-7 预览影片   图 7-8 执行【媒体】命令

05 打开【导出设置】对话框，将【格式】设置为 QuickTime，【预设】设置为 PAL DV，单击【输出名称】右侧的文字，打开【另存为】对话框，在【文件名】中输入"导出影片"，单击【保存】按钮，如图 7-9 所示。

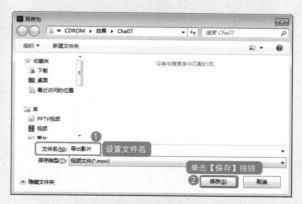

图 7-9 设置名称及保存类型

06 返回到【导出设置】对话框，单击【导出】按钮，如图 7-10 所示。

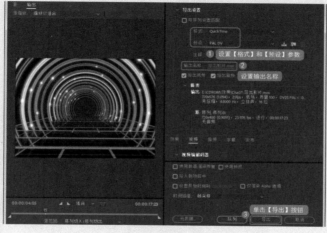

图 7-10 将影片导出

07 在其他播放器中进行查看，如图 7-11 所示。

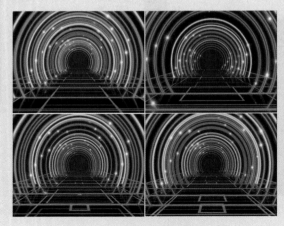

图 7-11　在其他播放器中查看

> **提示一下**
>
> 采用比源音频素材更高的品质进行输出，并不会提升音频的播放音质，反而会增大文件。

■ 7.2.2　导出单帧图像

在 Premiere Pro CC 2018 软件中，可以将影片中的一帧导出为一张静态图片。具体操作步骤如下。

01 打开素材文件 002.prproj，将当前时间设置为 00:00:08:00，如图 7-12 所示。

02 在菜单栏中执行【文件】|【导出】|【媒体】命令，打开【导出设置】对话框，将【格式】设置为 JPEG，单击【输出名称】右侧的文字，打开【另存为】对话框，在【文件名】中输入"导出单帧图像"，单击【保存】按钮，如图 7-13 所示。

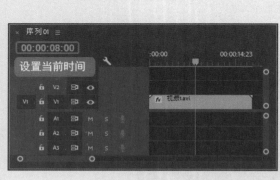

图 7-12　设置当前时间

图 7-13　设置文件名

03 返回到【导出设置】对话框，在【视频】选项卡下取消勾选【导出为序列】复选框，单击【导出】按钮，如图 7-14 所示。

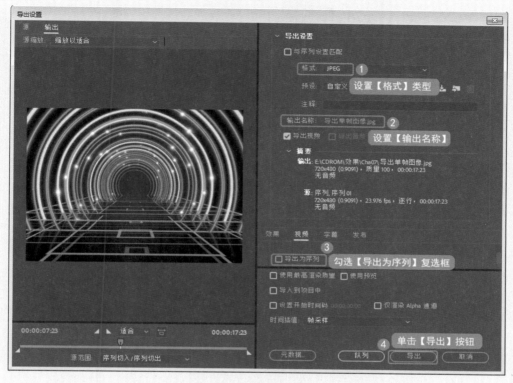

图 7-14 【导出设置】对话框

04 在其他看图软件中进行查看，如图 7-15 所示。

图 7-15 在其他看图软件中查看

7.3 可输出的格式

影视编辑工作中需要不同格式的文件，在 Premiere Pro CC 2018 中，支持输出多种不同格式的文件。下面详细介绍可输出的格式以及每一种文件格式的属性。

■ 7.3.1 可输出的视频格式

可输出的视频格式包括 AVI 格式、QuickTime 格式、MPEG4 格式、FLV 格式和 H.264 格式 5 种。下面将对这 5 种可输出的视频格式进行详细介绍。

1. AVI 格式

AVI 英文全称为 Audio Video Interleaved，即音频视频交错格式，是将语音和影像同步组合在一起的文件格式。它对视频文件采用了一种有损压缩方式，但压缩比较高，因此尽管画面质量不是太好，但其应用范围仍然非常广泛，可实现多平台兼容。AVI 信息主要应用在多媒体光盘上，用来保存电视、电影等各种影像信息。

2. QuickTime 格式

QuickTime 格式即 MOV 格式文件，它是 Apple 公司开发的一种音频、视频文件格式，用于存储常用数字媒体类型。MOV 文件声画质量高，播出效果好，但跨平台性较差，很多播放器都不支持 MOV 格式影片的播放。

3. MPEG4 格式

MPEG 是运动图像压缩算法的国际标准，现已被所有计算机平台支持。其中 MPEG4 是一种新的压缩算法，使用这种算法可将一部 120 分钟长的电影压缩为 300MB 左右的视频流，便于传输和网络播出。

4. FLV 格式

FLV 格式是 Flash Video 格式的简称，是随着 Flash MX 的推出，Macromedia 公司开发的属于自己的流媒体视频格式。FLV 流媒体格式是一种新的视频格式。由于它形成的文件极小、加载速度也极快，这就使得用网络观看视频文件成为可能。FLV 格式不仅可以轻松地导入 Flash 中，几百帧的影片只需两秒钟，同时也可以通过 RTMP 协议在 Flashcom 服务器上流式播出。因此，目前国内外主流视频网站都在使用此格式用于在线观看。

5. H.264 格式

H.264 被称作 AVC（Advanced Video Codec，先进视频编码），是 MPEG4 标准的第 10 部分，用来取代之前 MPEG4 第 2 部分（简称 MPEG4P2）所指定的视频编码，因为 AVC 有着比 MPEG4P2 强很多的压缩效率。最常见的 MPEG4P2 编码器有 divx 和 xvid（开源），最常见的 AVC 编码器是 x264（开源）。

■ 7.3.2 可输出的音频格式

可输出的音频格式包括 MP3 格式、WAV 格式、AAC 格式、Windows Media 格式。下面将对这 4 种可输出的音频格式进行详细介绍。

1. MP3 格式

MP3 是一种音频压缩技术，其全称是动态影像专家压缩标准音频层面 3（Moving Picture Experts Group Audio LayerIII），简称 MP3。它被设计用来大幅度地降低音频数据量。利用 MPEG Audio Layer 3 的技术，将音乐以 1：10 甚至 1：12 的压缩率，压缩成容量较小的文件，而对大多数用户来说，重放的音质与最初的不压缩音频相比没有明显的下降。其优点是压缩后占用空间小，适用于移动设备的储存和使用。

2. WAV 格式

WAV 波形文件，是微软和 IBM 共同开发的 PC 标准声音格式，文件后缀名为 .wav，是一种通用的音频数据文件。通常使用 WAV 格式来保存一些没有压缩的音频，也就是经过 PCM 编码后的音频，因此也称为波形文件。它依照声音的波形进行储存，因此要占用较大的储存空间。

3. AAC 格式

AAC（Advanced Audio Coding），中文名为"高级音频编码"，出现于 1997 年，是基于 MPEG-2 的音频编码技术，目的是取代 MP3 格式。2000 年，MPEG-4 标准出现后，AAC 重新集成了其特性，加入了 SBR 技术和 PS 技术，为了区别于传统的 MPEG-2AAC，又称为 MPEG-4-AAC。

4. Windows Media 格式

Windows Media 格式即 Windows Media Audio，简称 WMA。

■ 7.3.3 可输出的图像格式

可输出的图像格式包括 GIF 格式、BMP 格式、PNG 格式、Targa 格式。下面将对这 4 种可输出的图像格式进行详细介绍。

1. GIF 格式

AVI 英文全称 Audio Video Interleaved，即音频视频交错格式，是将语音和影像同步组合在一起的文件格式。它对视频文件采用了一种有损压缩方式。尽管画面质量不是太好，但应用范围非常广泛，可实现多平台兼容。AVI 文件主要应用在多媒体光盘上，用来保存电视、电影等各种影响信息。

2. BMP 格式

BMP 是 Windows 操作系统中的标准图像文件格式，可以分为两类，即设备相关位图和设备无关位图，应用非常广泛。它采用位映射存储格式，除了图像深度可选以外，不使用其他任何压缩，因此，BMP 文件所占用的空间很大。由于 BMP 文件格式是 Windows 环境中交换与图有关的数据的一种标准，因此在 Windows 环境中运行的图形图像软件都支持 BMP 图像格式。

3. PNG 格式

PNG 的名称来源于"可移植网络图形格式（Portable Network Graphic Format）"，是一种位图文件储存格式。PNG 的设计目的是替代 GIF 和 TIFF 文件格式，同时增加一些 GIF 文件格式所不具备的特性。因其压缩比高，生成的文件体积小，一般应用于 Java 程序和网页中。

4. Targa 格式

TGA（Targa）格式是在计算机上应用最广泛的图像格式。它在兼顾了 BMP 图像质量的同时又兼顾了 JPEG 的体积优势。该格式自身的特点是通道效果、方向性。在 CG 领域常作为影视动画的序列输出格式，因为它兼具体积小和效果清晰的特点。

7.4 输出设置

一般情况下，用户需要先将编辑的影片合成一个可在 Premiere Pro 中实时播放的影片，然后将其录制到录像带，或输出到其他媒介工具中。在视频编辑工作中，输出影片前要进行相应的参数设置，其中包括导出设置、视频设置和音频设置等内容，本节详细介绍输出影片的具体操作方法。

■ 7.4.1 导出设置

【导出设置】对话框中的选项可以用来确定影片项目的导出格式、路径、文件名称等。

01 在【项目】面板中选择要导出的合成序列，执行【文件】|【导出】|【媒体】命令，如图 7-16 所示。

图 7-16 执行【媒体】命令

02 打开【导出设置】对话框，设置相应参数，如图 7-17 所示。

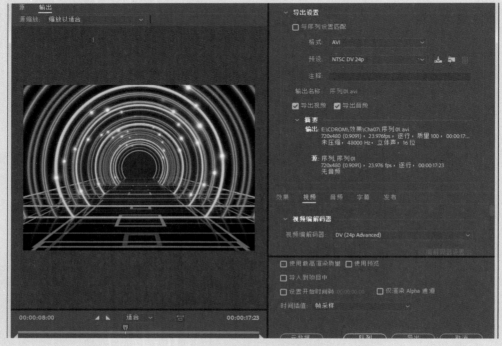

图 7-17 【导出设置】对话框

■ 7.4.2　视频设置

　　【视频】选项卡中的选项可以对导出文件的视频属性进行设置，包括【视频编解码器】、【质量】、【宽度】、【高度】、【帧速率】、【场序】、【长宽比】等。选择不同的导出文件格式，设置的选项也不同，可以根据实际需要进行设置，或保持默认设置，如图 7-18 所示。

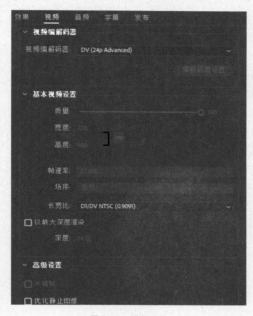

图 7-18　视频设置

■ 7.4.3　音频设置

　　【音频】选项卡中的选项可以对导出文件的音频属性进行设置，包括【音频编解码器】、【采样率】、【声道】等，如图 7-19 所示。

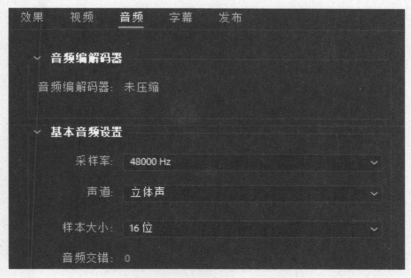

图 7-19　音频设置

课后练习

项目练习　导出 MP4 无压缩格式文件

操作要领：

（1）打开提供的"课后练习素材 .prproj"工程文件；

（2）在【导出设置】对话框中，设置导出的格式（MPEG）；

（3）设置输出路径和名称；

（4）单击【导出】按钮即可导出素材文件。

CHAPTER 08

综合案例——婚纱摄影宣传广告

本章概述 SUMMARY

■ 重点知识

✓ 导入素材

✓ 创建字幕文件

✓ 创建婚纱摄影动画

婚纱摄影是为客户量身打造，集服务、品质、销售于一体的摄影。使顾客充分享受时尚、专业、舒适的拍摄过程。 本章将介绍如何制作婚纱摄影宣传广告，效果如图 8-1 所示。

◎ 图 8-1 婚纱摄影宣传广告分镜头效果

8.1 导入素材

下面讲解如何导入素材文件，具体操作步骤如下。

01 启动 Premiere Pro CC 2018 软件，在欢迎界面中单击【新建项目】按钮，如图 8-2 所示。

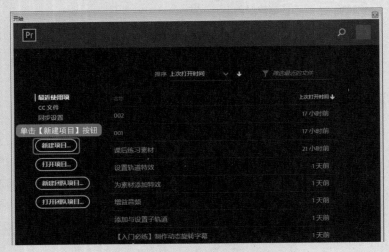

图 8-2 单击【新建项目】按钮

02 在【新建项目】对话框中，选择项目的保存路径，将项目名称命名为"婚纱摄影宣传广告"，单击【确定】按钮，如图 8-3 所示。

03 按 Ctrl+N 组合键，在【序列预设】选项卡的【可用预设】区域下选择 DV-24P|【标准 48kHz】选项，将【序列名称】命名为"婚纱摄影宣传广告"，单击【确定】按钮，如图 8-4 所示。

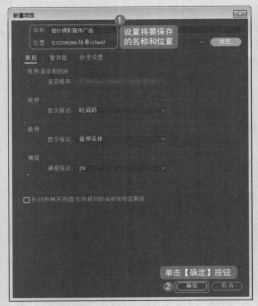

图 8-3 新建项目

图 8-4 新建序列

04 在【项目】面板【名称】区域下的空白处双击，在打开的对话框中选择 "CDROM\ 素材 \Cha08" 文件夹，单击【导入文件夹】按钮，如图 8-5 所示。

05 打开【导入分层文件：02】对话框，将【导入为：】定义为 "各个图层"，单击【确定】按钮，如图 8-6 所示。

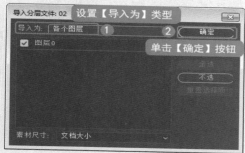

图 8-5 导入素材

图 8-6 设置分层文件

06 执行菜单栏中的【序列】|【添加轨道】命令，弹出【添加轨道】对话框，在【视频轨道】区域下添加 11 条视频轨道，单击【确定】按钮，如图 8-7 所示。

07 在【项目】面板中，展开导入的素材文件夹，将 "背景音乐 .mp3" 文件拖至音频 1 轨道中，如图 8-8 所示。

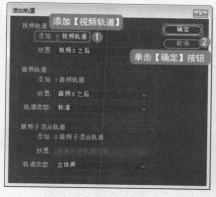

图 8-7 添加视频轨道

图 8-8 拖入音频素材

08 打开【效果】面板，搜索【多频段压缩器】特效，将其拖曳至 "背景音乐 .mp3" 文件上，打开【效果控件】面板，在【多频段压缩器】区域下单击【自定义设置】右侧的【编辑】，进行设置，如图 8-9 所示。

> **提示一下** ○
>
> 设置音频的淡入淡出效果，在音频素材的前端添加两个音量关键帧，将第一处关键帧移至最底部，保持第二处关键帧在原始位置，就可以制作音频淡入效果。音频淡出效果的制作与淡入相似，只不过两个关键帧添加在音频的结束处，然后再进行调整。

09 新建一个【白色遮罩】，将当前时间设置为00:00:26:15，将【白色遮罩】拖曳至视频1轨道中，将【白色遮罩】的结束处与编辑标识线对齐，如图8-10所示。

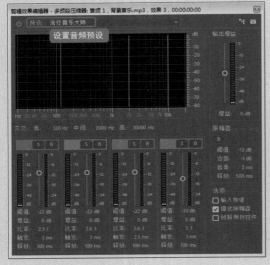

图8-9 设置音频效果

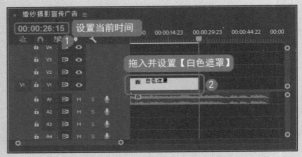

图8-10 拖入并设置【白色遮罩】

10 将当前时间设置为00:00:01:23，将01.jpg文件拖至V2轨道中，将文件的结束处与编辑标识线对齐，如图8-11所示。

提示一下

调整素材的长度，不止拖动这一个方法，还可以在【素材速度/持续时间】对话框中调整【持续时间】。如果调整图像的【持续时间】，长度会有变化；如果对视频的【持续时间】进行调整，则长度、播放速度都会有变化。

11 选中01.jpg文件，打开【效果控件】面板，在【运动】区域下，将【位置】设置为155、264，【缩放】设置为67，如图8-12所示。

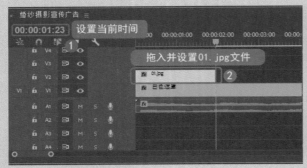

图8-11 拖入并设置01.jpg文件

图8-12 设置【位置】及【缩放】参数

12 在01.jpg文件的开始处添加【双侧平推门】切换效果，如图8-13所示。

13 打开【效果控件】面板，将【持续时间】设置为00:00:01:20，如图8-14所示。

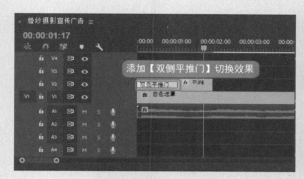

图 8-13 添加【双侧平推门】切换效果

图 8-14 设置【持续时间】

14 将当前时间设置为 00:00:01:23，将"图层 0/02.psd"文件拖曳至视频 3 轨道中，将其结束处与编辑标识线对齐，如图 8-15 所示。

15 为"图层 0/02.psd"文件添加【双侧平推门】切换效果，并将该切换效果的【持续时间】设置为 00:00:01:20，如图 8-16 所示。

图 8-15 拖入并设置"图层 0/02.psd"文件

图 8-16 设置视频切换效果

16 将当前时间设置为 00:00:01:14，将 03.jpg 文件拖曳至 V4 轨道中，将其开始处与编辑标识线对齐，如图 8-17 所示。

17 选中 03.jpg 文件，打开【效果控件】面板，将当前时间设置为 00:00:02:03，在【运动】区域下，将【位置】设置为 189、80，单击其左侧的【切换动画】按钮，打开动画关键帧的记录。再将当前时间设置为 00:00:03:20，在【运动】区域下，将【位置】设置为 189、208，如图 8-18 所示。

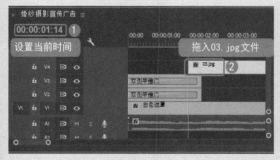

图 8-17 拖入 03.jpg 文件

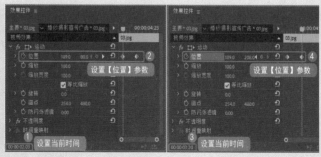

图 8-18 设置两处关键帧

18 将当前时间设置为 00:00:04:08，在【效果控件】面板中单击【不透明度】右侧的 ◎ 按钮，添加一处关键帧。再将当前时间设置为 00:00:05:12, 在【效果控件】面板中, 将【不透明度】设置为 0%, 如图 8-19 所示。

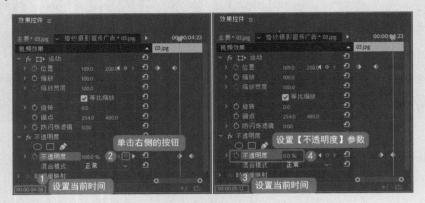

图 8-19　设置两处不透明度关键帧

19 为 03.jpg 文件添加【叠加溶解】切换效果, 并将该切换效果的【持续时间】设置为 00:00:00:20, 如图 8-20 所示。

图 8-20　添加并设置切换效果

20 将当前时间设置为 00:00:04:08, 将 06.jpg 文件拖曳至 V5 轨道中, 将其开始处与编辑标识线对齐, 如图 8-21 所示。

21 当前时间设置为 00:00:08:20, 将 06.jpg 文件的结束处与编辑标识线对齐, 如图 8-22 所示。

图 8-21　拖入 06.jpg 文件　　　　　　　　　　图 8-22　调整结束处

22 选中 06.jpg 文件，打开【效果控件】面板，将当前时间设置为 00:00:05:07，将【运动】区域下的【位置】设置为 231、218，【缩放】设置为 67，分别单击【位置】、【缩放】左侧的【切换动画】按钮 ⏱，打开动画关键帧的记录。将当前时间设置为 00:00:06:21，将【运动】区域下的【位置】设置为 231、308，【缩放】设置为 124，如图 8-23 所示。

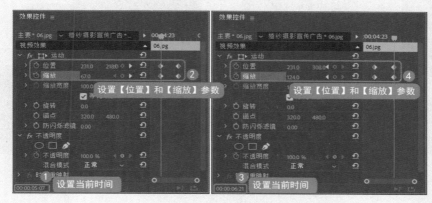

图 8-23　设置两处关键帧

23 为 06.jpg 文件的开始处添加【叠加溶解】切换效果，并将其【持续时间】设置为 00:00:01:00，如图 8-24 所示。

图 8-24　设置【持续时间】

8.2　创建字幕文件

下面讲解如何创建字幕文件，具体操作步骤如下。

01 在菜单栏中执行【文件】|【新建】|【旧版标题】命令，新建字幕"文字 01"，在【字幕】面板中，使用【文字工具】 T，在字幕设计栏中输入"Angel love……"，并选中文本，在【属性】栏中，将【字体系列】设置为华文新魏，【字体大小】设置为 50。将【变换】区域下的【X 位置】、【Y 位置】设置为 510、221，【旋转】设置为 90；在【填充】区域下，将【颜色】RGB 设置为 0、246、255；添加一处【外描边】，将【大小】设置为 3，【颜色】设置为黑色。将【……】选中，【字体】设置为华文新魏，【字体大小】设置为 44，如图 8-25 所示。

图 8-25 新建并设置"文字 01"

> **提示一下**
>
> 　　Windows 操作系统中自带的中文字体很少，绝大部分艺术字体需要另外安装。如果本例中没有用户需要的字体，用户可以自行安装。另外，本例对字体、颜色的设置仅供参考，用户可根据喜好自行进行设置。

02 单击【基于当前字幕新建字幕】按钮，新建字幕"文字 02"，将字幕设计栏中的文字删除，输入文本，在【旧版标题属性】面板中，将【字体系列】设置为【黑体】，【字体大小】设置为 11；将【变换】区域下的【X 位置】、【Y 位置】设置为 72.4、255.6；将【填充】区域下的【颜色】设置为白色；将【描边】区域下的【类型】设置为【边缘】，【大小】设置为 7，【颜色】设置为【白色】，【不透明度】设置为 70%，如图 8-26 所示。

> **提示一下**
>
> 　　背景图像的显示主要是通过【字幕】面板中的【显示背景视频】按钮来控制的。

03 使用同样的设置方法设置其他文本，如图 8-27 所示。

图 8-26 新建并设置"文字 02"

图 8-27 设置其他文本

04 单击【基于当前字幕新建字幕】按钮，新建字幕"文字03"，将字幕设计栏中的文字删除，输入"Forever love……"，在【属性】栏中，将【字体系列】设置为华文隶书，【字体大小】设置为60。将【变换】区域下的【X位置】、【Y位置】设置为474.9、446.1，删除外描边，勾选【阴影】复选框，将【颜色】设置为黑色，【不透明度】设置为54%，【角度】设置为-205，【距离】设置为4，【扩展】设置为19，如图8-28所示。

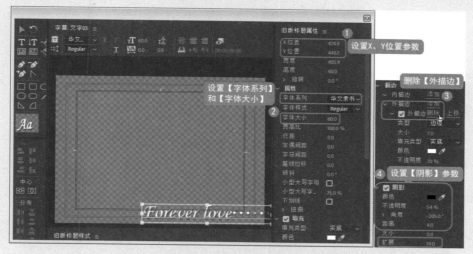

图 8-28　新建并设置"文字03"

05 单击【基于当前字幕新建字幕】按钮，新建字幕"文字04"，将字幕设计栏中的文字删除，输入文本"i will always love you......"，在【属性】栏下，将【字体系列】设置为华文隶书，【字体大小】设置为30；将【旋转】设置为90，将【变换】区域下的【X位置】、【Y位置】设置为48.8、174.7；将【填充】区域下的【颜色】设置为白色；勾选【阴影】复选框，将【颜色】设置为黑色，【不透明度】设置为54%，【角度】设置为-205，【距离】设置为4，【大小】设置为0，【扩展】设置为19，如图8-29所示。

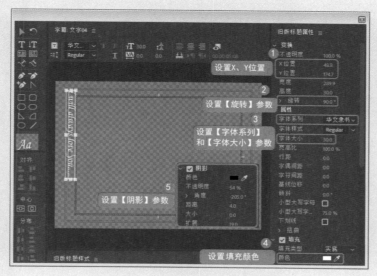

图 8-29　新建并设置"文字04"

06 单击【基于当前字幕新建字幕】按钮T，新建字幕"文字05"，将字幕设计栏中的文字删除，输入文本，在【属性】栏下，将【字体系列】设置为华文新魏，【字体大小】设置为70；将【填充】区域下的【填充类型】设置为【线性渐变】，将【颜色】左侧的色标设置为白色，右侧的色标 RGB 设置为 0、246、255，调整一下色标的位置；添加一处【外描边】，【大小】设置为 5，如图 8-30 所示。

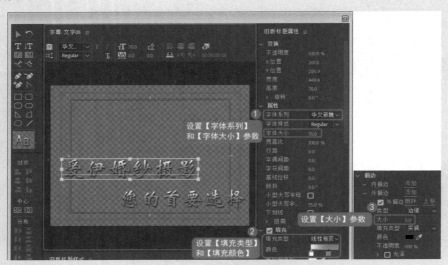

图 8-30　新建并设置"文字 05"

07 新建"图 01"字幕，使用【圆角矩形工具】▢，在字幕设计栏中创建圆角矩形，将【变换】区域下的【X 位置】、【Y 位置】分别设置为 266.7、224.8，【宽度】、【高度】分别设置为 230.6、298.2，在【属性】区域下，将【圆角大小】设置为 10%；在【填充】区域下，将【填充类型】设置为【实底】，勾选【纹理】复选框，单击【纹理】右侧的▧，选择"CDROM\ 素材 \Cha08\ 03.jpg"文件，单击【打开】按钮，如图 8-31 所示。

图 8-31　新建并设置"图 01"

08 添加一处【外描边】，将【大小】设置为12，【颜色】RGB 设置为234、234、234，【不透明度】设置为84%，取消勾选【阴影】复选框，如图 8-32 所示。

图 8-32　设置【外描边】

09 单击【基于当前字幕新建字幕】按钮，新建字幕"图 02"，选中字幕设计栏中的矩形，将【变换】区域下的【X 位置】、【Y 位置】设置为501.3、197.8，在【填充】区域下，单击【纹理】右侧的，如图 8-33 所示。选择"CDROM\ 素材 \Cha08\04.jpg"文件，单击【打开】按钮。

10 单击【基于当前字幕新建字幕】按钮，新建字幕"图 03"，将字幕设计栏中的矩形删除，使用【矩形工具】在字幕设计栏中创建矩形，将【变换】区域下的【X 位置】、【Y 位置】分别设置为327.2、371.3，【宽度】、【高度】设置为682.6、169.9；在【填充】区域下，取消勾选【纹理】复选框，将【颜色】设置为白色，【不透明度】设置为70%，删除【外描边】，如图 8-34所示。

图 8-33　新建并设置"图 02"

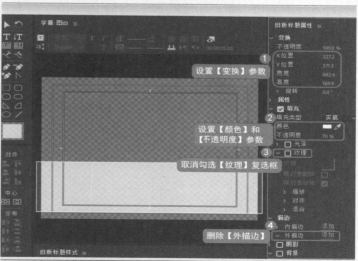

图 8-34　新建并设置"图 03"

⑪ 创建一个圆角矩形，将【变换】区域下的【宽度】、【高度】分别设置为 100.2、144.5，【X 位置】、【Y 位置】分别设置为 599.3、372.4；在【属性】区域下，将【圆角大小】设置为 10%；在【填充】区域下勾选【纹理】复选框，单击【纹理】右侧的 █，如图 8-35 所示。选择"CDROM\ 素材 \Cha08\14.jpg"文件，单击【打开】按钮。

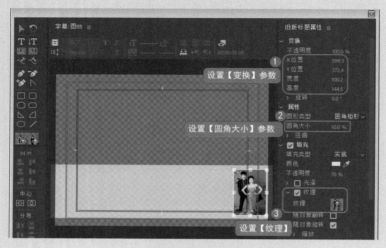

图 8-35　设置小矩形纹理

⑫ 复制其他矩形，并修改纹理，如图 8-36 所示。

图 8-36　设置其他矩形

提示一下

在对矩形进行复制时，如果在同一平行线上，可以按住键盘上的 ← 或 → 键，进行左右移动，如果按住 Shift+ 方向键，则以 10 像素的距离移动。

⑬ 单击【基于当前字幕新建字幕】按钮█，新建字幕"图 04"，将字幕设计栏中的内容删除，使用【矩形工具】█，在字幕设计栏中创建矩形，将【变换】区域下的【宽度】、【高度】分别设置为 618.9、459，将【X 位置】、【Y 位置】分别设置为 325.3、242.2；在【填充】区域下，将【颜色】

的 RGB 设置为 177、177、177，【不透明度】设置为 50%；添加一处【外描边】，将【大小】设置为 2，【颜色】设置为白色，图 8-37 所示。

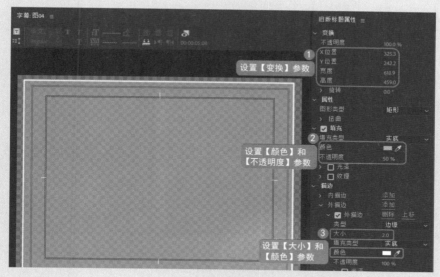

图 8-37　新建并设置 "图 04"

14 单击【基于当前字幕新建字幕】按钮，新建字幕 "图 05"，在字幕设计栏中删除矩形，创建一个如图 8-34 所示的矩形，并将其【X 位置】、【Y 位置】分别设置为 327.3、385.2。再创建一个小圆角矩形，将【变换】区域下的【宽度】、【高度】分别设置为 179.6、133.4，【X 位置】、【Y 位置】分别设置为 544.2、388.2；将【圆角大小】设置为 10；在【填充】区域下，将【颜色】设置为白色，【不透明度】设置为 50%；添加一处【内描边】，将【类型】设置为【凹进】，【角度】设置为 90，【颜色】设置为黑色，【不透明度】设置为 26%；添加一处【外描边】，将【大小】设置为 1，【颜色】设置为黑色，如图 8-38 所示。

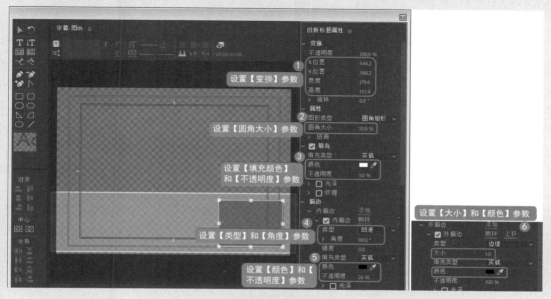

图 8-38　新建并设置 "图 05"

⑮ 复制一个小圆角矩形，调整其位置，将【内侧边】删除，在【填充】区域下，勾选【纹理】复选框，单击【纹理】右侧的 ▦，如图 8-39 所示。在打开的对话框中选择"CDROM\ 素材 \Cha08\19.jpg"文件，单击【打开】按钮。

⑯ 用同样的方法复制一个小矩形，单击【填充】区域下【纹理】右侧的 ▦，在打开的对话框中选择"素材 \Cha08\18.jpg"文件，单击【打开】按钮，如图 8-40 所示。

图 8-39　复制矩形并设置纹理

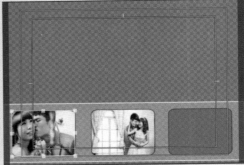

图 8-40　设置另一个小矩形

⑰ 新建字幕"图 06"，在字幕设计栏中调整小矩形的位置，如图 8-41 所示。

⑱ 新建字幕"图 07"，在字幕设计栏中调整小矩形的位置，如图 8-42 所示。

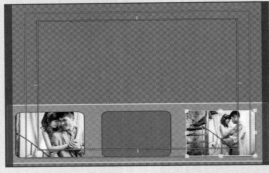

图 8-41　新建并设置"图 06"

图 8-42　新建并设置"图 07"

⑲ 新建"图 08"，将字幕设计栏中的内容删除，使用【圆角矩形工具】 ▭，在字幕设计栏中创建圆角矩形，将【宽度】、【高度】分别设置为 242、329.3，【X 位置】、【Y 位置】分别设置为 494.3、238.6，将【圆角大小】设置为 10，在【填充】区域下勾选【纹理】复选框，单击【纹理】右侧的 ▦，在打开的对话框中选择"CDROM\ 素材 \Cha08\24.jpg"文件，单击【打开】按钮，添加一处【外描边】，将【大小】设置为 7，【颜色】的 RGB 设置为 227、227、227，勾选【阴影】复选框，将【颜色】设置为黑色，【不透明度】设置为 70%，【角度】设置为 49，【距离】、【大小】【扩展】分别设置为 0、1、0，如图 8- 43 所示。

⑳ 使用同样的方法创建"图 09""图 10"，修改填充的纹理。新建"图 11"，选择字幕设计栏中的矩形，将【变换】区域下的【宽度】、【高度】分别设置为 242、329.3，【X 位置】、【Y 位置】分别设置为 158.1、240.6，在【填充】区域下，勾选【纹理】复选框，如图 8-44 所示。打开"CDROM\ 素材 \Cha08\27.

jpg"文件，单击【打开】按钮。

图 8-43　新建并设置"图 08"

图 8-44　新建并设置"图 11"

21 新建"图 12"，选择字幕设计栏中的矩形，将【宽度】、【高度】分别设置为 375.5、279.7，【X 位置】、【Y 位置】分别设置为 355.1、259；在【填充】区域下，勾选【纹理】复选框，打开"CDROM\ 素材 \Cha08\07.jpg"文件；在【描边】区域下，将【外描边】的【大小】设置为 10，【颜色】设置为白色，取消勾选【阴影】复选框，如图 8-45 所示。

图 8-45　新建并设置 "图 12"

22 新建"图 13"，选择字幕设计栏中的矩形，将【X 位置】、【Y 位置】分别设置为 410.2、202.5，将【宽度】、【高度】分别设置为 375.5、279.7；勾选【纹理】复选框，打开 "素材 \Cha08\35.jpg" 文件，如图 8-46 所示。

23 新建"图 14"，选择字幕设计栏中的矩形，将【X 位置】、【Y 位置】分别设置为 224.5、204；勾选【纹理】复选框，打开 "CDROM\ 素材 \Cha08\34.jpg" 文件，如图 8-47 所示。

图 8-46　新建并设置 "图 13"

图 8-47　新建并设置 "图 14"

8.3　创建婚纱摄影动画

下面讲解如何创建婚纱摄影动画，具体操作步骤如下。

01 将当前时间设置为00:00:02:05，将"文字01"拖曳至V6轨道中，与编辑标识线对齐，将其结束处设置为00:00:07:10，如图8-48所示。

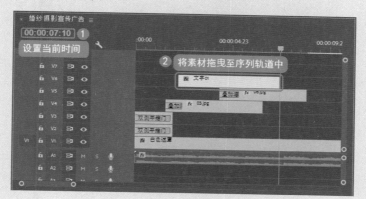

图8-48 拖入并设置"文字01"文件

02 选中"文字01"，添加【基本3D】特效。打开【效果控件】面板，将当前时间设置为00:00:02:09，单击【基本3D】区域下【旋转】左侧的【切换动画】按钮，打开动画关键帧的记录，如图8-49所示。

图8-49 添加【旋转】关键帧

03 将当前时间设置为00:00:03:05，单击【不透明度】右侧的【添加/移除关键帧】按钮，将【基本3D】区域下的【旋转】设置为83.3，如图8-50所示。

图8-50 添加【不透明度】关键帧并设置【旋转】参数

04 将当前时间设置为 00:00:03:07，【不透明度】设置为 0%，如图 8-51 所示。

图 8-51　设置【不透明度】参数

05 将当前时间设置为 00:00:02:05，将"图 01"拖入至 V7 轨道中，与编辑标识线对齐，将结尾处与"文字 01"的结尾处对齐，如图 8-52 所示。

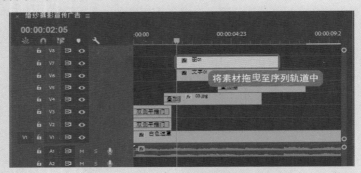

图 8-52　拖入并设置"图 01"文件

06 选中"图 01"，为其添加【基本 3D】特效。打开【效果控件】面板，将当前时间设置为 00:00:02:22，将【运动】区域下的【位置】设置为 535.6、-193.6，【旋转】设置为 -25，分别单击【位置】、【旋转】左侧的【切换动画】按钮，打开动画关键帧的记录，如图 8-53 所示。

图 8-53　添加【基本 3D】效果并设置【位置】参数

07 将当前时间设置为 00:00:04:11，将【运动】区域下的【位置】设置为 553、205.2，【旋转】设置为 0，单击【基本 3D】区域下【旋转】左侧的【切换动画】按钮 ，打开动画关键帧的记录，如图 8-54 所示。

图 8-54　设置参数

08 将当前时间设置为 00:00:05:11，将【基本 3D】区域下的【旋转】设置为 90，如图 8-55 所示。

图 8-55　设置【旋转】参数

09 将当前时间设置为 00:00:06:13，将【基本 3D】区域下的【旋转】设置为 0，如图 8-56 所示。

图 8-56　设置【旋转】参数

10 当前时间设置为 00:00:02:05，将"图 02"拖曳至 V8 轨道中，与编辑标识线对齐，如图 8-57 所示。

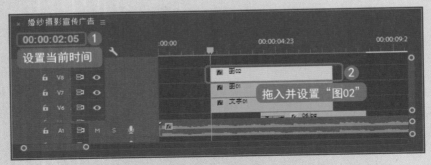

图 8-57　拖入并设置"图 02"文件

11 选中"图 02"，打开【效果控件】面板，将当前时间设置为 00:00:06:00，在【运动】区域下，将【位置】设置为 553.2、211.3，【不透明度】设置为 0%，如图 8-58 所示。

图 8-58　设置参数

12 将当前时间设置为 00:00:06:01，【不透明度】设置为 100%，如图 8-59 所示。

图 8-59　设置【不透明度】参数

13 将当前时间设置为00:00:05:22，将07.jpg文件拖曳至V9轨道中，与编辑标识线对齐，如图8-60所示。

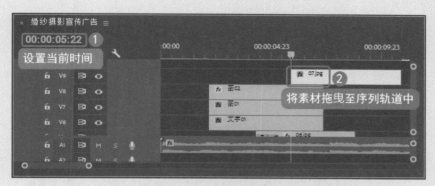

图 8-60　拖入并设置 07.jpg 文件

14 将当前时间设置为00:00:08:20，将07.jpg文件的结束处与编辑标识线对齐，如图8-61所示。

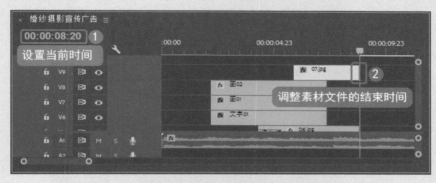

图 8-61　调整素材文件的结束时间

15 将当前时间设置为00:00:06:08，打开【效果控件】面板，在【运动】区域下将【位置】设置为441、220，【缩放】设置为100，分别单击【位置】、【缩放】左侧的【切换动画】按钮🕑，打开动画关键帧的记录，如图8-62所示。

图 8-62　设置参数

16 将当前时间设置为 00:00:07:22，在【运动】区域下将【位置】设置为 441、218，【缩放】设置为 85，如图 8-63 所示。

图 8-63　添加【位置】及【缩放】关键帧

17 为 07.jpg 文件的开始处添加【百叶窗】切换效果，并将该切换效果的【持续时间】设置为 00:00:00:20，如图 8-64 所示。

图 8-64　设置切换效果

18 将当前时间设置为 00:00:07:23，将 08.jpg 文件拖曳至 V10 轨道中，与编辑标识线对齐，如图 8-65 所示。

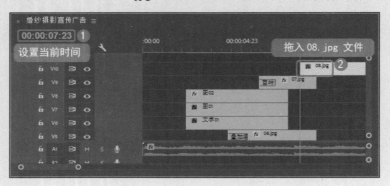

图 8-65　拖入并设置 08.jpg 文件

19 选中 08.jpg 文件，打开【效果控件】面板，将【运动】区域下的【缩放】设置为 86，将当前时间设置为00:00:10:14，在【效果控件】面板中，单击【不透明度】右侧的【添加/移除关键帧】按钮 ，添加【不透明度】关键帧，如图8-66所示。

图8-66 设置参数

20 将当前时间设置为00:00:10:21，【不透明度】设置为0%，如图8-67所示。

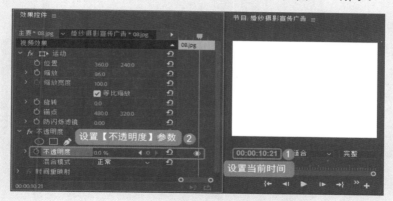

图8-67 设置【不透明度】参数

21 为08.jpg文件的开始处添加【风车】切换效果，并将该切换效果的【持续时间】设置为00:00:00:06，如图8-68所示。

图8-68 设置切换效果

22 将当前时间设置为 00:00:07:23，将"图 03"拖曳至 V11 轨道中，与编辑标识线对齐，其结尾处与 08.jpg 文件的结尾处对齐，如图 8-69 所示。

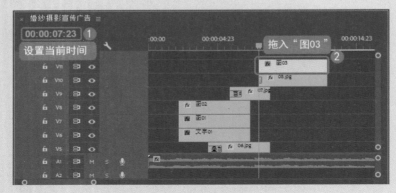

图 8-69　拖入并设置"图 03"

23 选中"图 03"，当前时间设置为 00:00:07:23，打开【效果控件】面板，在【运动】区域下，将【位置】设置为 357.8、–304，【缩放】设置为 500，分别单击【位置】、【缩放】左侧的【切换动画】按钮，打开动画关键帧的记录，将【不透明度】设置为 0%，如图 8-70 所示。

图 8-70　设置【位置】及【缩放】关键帧

24 将当前时间设置为 00:00:09:05，【不透明度】设置为 100%，如图 8-71 所示。

图 8-71　设置【不透明度】参数

㉕ 将当前时间设置为00:00:10:11，在【运动】区域下，将【位置】设置为360、259，【缩放】设置为100，如图8-72所示。

图 8-72　设置参数

㉖ 将当前时间设置为00:00:11:01，单击【不透明度】右侧的【添加/移除关键帧】按钮，如图8-73所示。

图 8-73　添加【不透明度】关键帧

㉗ 将当前时间设置为00:00:11:12，【不透明度】设置为0%，如图8-74所示。

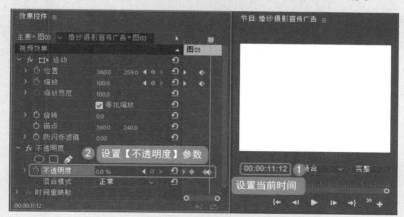

图 8-74　设置【不透明度】参数

28 将当前时间设置为 00:00:10:17，将"图 04"拖曳至 V9 轨道中，与编辑标识线对齐，如图 8-75 所示。

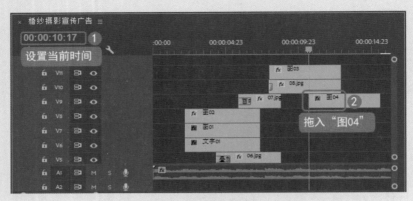

图 8-75 拖入"图 04"

29 将当前时间设置为 00:00:16:02，将"图 04"的结束处与编辑标识线对齐，如图 8-76 所示。

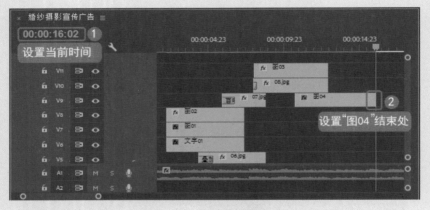

图 8-76 设置"图 04"结束处

30 将当前时间设置为 00:00:12:20，将 15.jpg 拖曳至 V8 轨道中，与"图 04"的开始处对齐，拖动其结束处与编辑标识线对齐，如图 8-77 所示。

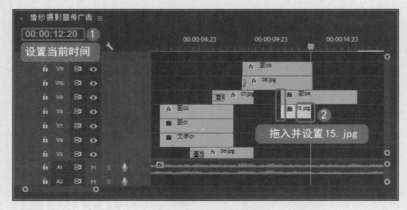

图 8-77 拖入并设置 15.jpg

31 为 15.jpg 的开始处添加【叠加溶解】切换效果，如图 8-78 所示。

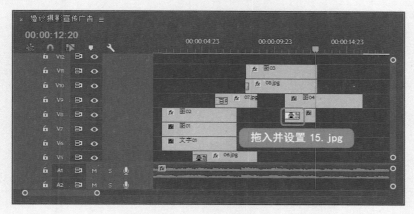

图 8-78　添加【叠加溶解】切换效果

32 将该切换效果的【持续时间】设置为 00:00:00:10，如图 8-79 所示。

图 8-79　设置持续时间

33 为 15.jpg 文件添加【羽化边缘】特效，打开【效果控件】面板，在【运动】区域下，将【位置】设置为 360、214，【缩放】设置为 71，将【羽化边缘】区域下的【数量】设置为 67，如图 8-80 所示。

图 8-80　设置参数

34 将当前时间设置为 00:00:14:11，将 16.jpg 文件拖曳至 V8 轨道中，将其与 15.jpg 的结束处对齐，然后拖动 16.jpg 文件的结束处与编辑标识线对齐，如图 8-81 所示。

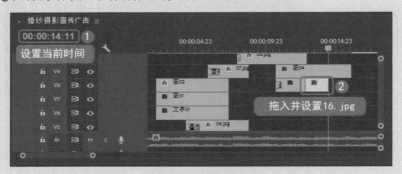

图 8-81 拖入并设置 16.jpg

35 为 16.jpg 文件添加【羽化边缘】特效，打开【效果控件】面板，将【运动】区域下的【缩放】设置为 76，将【羽化边缘】区域下的【数量】设置为 67，如图 8-82 所示。

图 8-82 设置参数

36 为 15.jpg、16.jpg 文件的中间添加【叠加溶解】切换效果，将该切换效果的【持续时间】设置为 00:00:00:10，如图 8-83 所示。

图 8-83 添加效果并设置持续时间

37 将当前时间设置为 00:00:16:02，将 17.jpg 文件拖曳至 V8 轨道中，并与 16.jpg 的结束处对齐，然后拖动 17.jpg 文件的结束处与编辑标识线对齐，如图 8-84 所示。

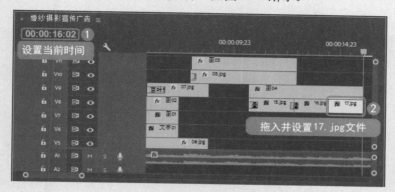

图 8-84　拖入并设置 17.jpg 文件

38 为 17.jpg 文件添加【羽化边缘】特效，激活【效果控件】面板，设置【运动】区域下的【位置】为 360、225，【缩放】为 70，将【羽化边缘】区域下的【数量】设置为 67，如图 8-85 所示。

图 8-85　设置参数

39 为 16.jpg、17.jpg 文件的中间添加【叠加溶解】切换效果，将该切换效果的【持续时间】设置为 00:00:00:10，如图 8-86 所示。

图 8-86　添加效果并设置其持续时间

⓸⓪ 将当前时间设置为 00:00:11:06，将"图 05"拖曳至 V12 轨道中，与编辑标识线对齐，如图 8-87 所示。

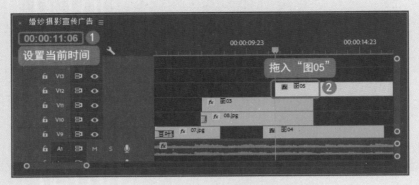

图 8-87 拖入并设置"图 05"文件

⓸① 将当前时间设置为 00:00:12:20，拖动"图 05"的结束处与编辑标识线对齐，如图 8-88 所示。

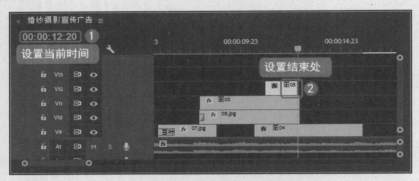

图 8-88 设置结束处

⓸② 选中"图 05"，打开【效果控件】面板，将当前时间设置为 00:00:11:06，【不透明度】设置为 0%，如图 8-89 所示。

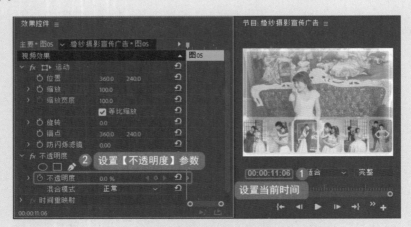

图 8-89 设置【不透明度】参数

43 将当前时间设置为 00:00:11:09，【不透明度】设置为 100%，如图 8-90 所示。

图 8-90 设置【不透明度】参数

44 将当前时间设置为 00:00:14:11，将"图 06"拖曳至 V12 轨道中，并与"图 05"的结束处对齐，拖动"图 06"的结束处与编辑标识线对齐，如图 8-91 所示。

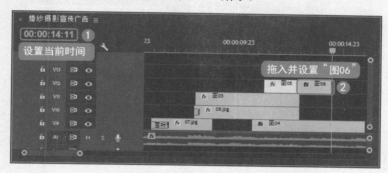

图 8-91 拖入并设置"图 06"

45 为"图 05""图 06"的中间位置添加【叠加溶解】切换效果，将该切换效果的【持续时间】设置为 00:00:00:20，如图 8-92 所示。

图 8-92 添加效果并设置【持续时间】

46 将当前时间设置为 00:00:16:01，将"图 07"拖曳至 V12 轨道中，与"图 06"的结束处对齐，然后拖动"图 07"的结束处与编辑标识线对齐，如图 8-93 所示。

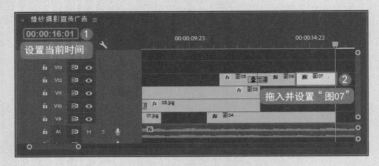

图 8-93　拖入并设置"图 07"

47 为"图 06""图 07"的中间位置添加【叠加溶解】切换效果，并将该切换效果的【持续时间】设置为 00:00:00:20，如图 8-94 所示。

图 8-94　设置持续时间

48 将当前时间设置为 00:00:10:17，将"文字 02"拖曳至 V13 轨道中，与编辑标识线对齐，然后拖动其结尾处与"图 07"文件结尾处对齐，如图 8-95 所示。

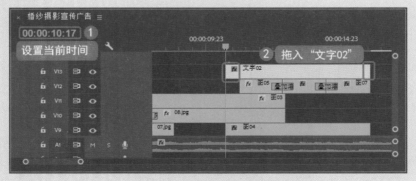

图 8-95　拖入并设置"文字 02"文件

49 将当前时间设置为 00:00:07:23，将"对称光 .avi"文件拖曳至 V14 轨道中，将其开始处与时间线对齐，如图 8-96 所示。

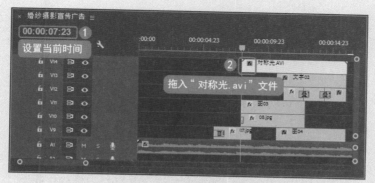

图 8-96 拖入 "对称光.avi" 文件

50 选中"对称光.avi"文件，打开【效果控件】面板，将【运动】区域下的【缩放】设置为190，在【不透明度】区域下，将【混合模式】设置为【滤色】，如图 8-97 所示。

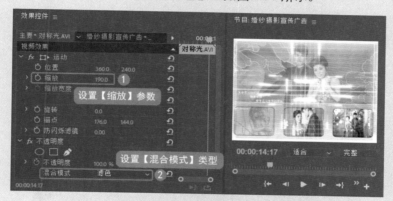

图 8-97 设置参数

51 将当前时间设置为 00:00:16:02，将"图层 1/渐变 02.psd"文件拖曳至 V4 轨道中，与编辑标识线对齐，如图 8-98 所示。

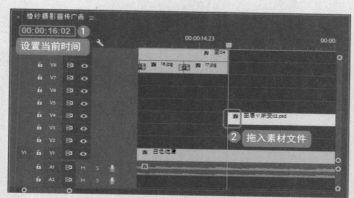

图 8-98 拖入 "图层 1/渐变 02.psd" 文件

52 将当前时间设置为 00:00:18:11，拖动"图层 1/渐变 02.psd"文件的结束处与编辑标识线对齐，如图 8-99 所示。

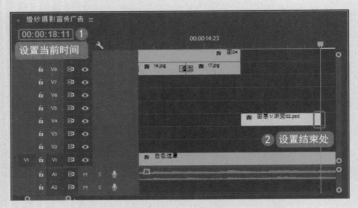

图 8-99　设置结束处

53 确定"图层 1/ 渐变 02.psd"文件选中的情况下，打开【效果控件】面板，将当前时间设置为 00:00:17:03，将【运动】区域下的【位置】设置为 461.1、-350，单击其左侧的【切换动画】按钮，打开动画关键帧的记录，将【旋转】设置为 -90，【不透明度】设置为 60%，取消关键帧的记录，如图 8-100 所示。

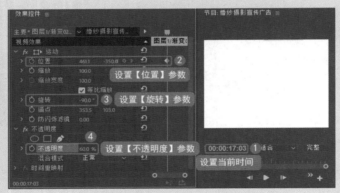

图 8-100　设置参数

54 将当前时间设置为 00:00:18:07，将【运动】区域下的【位置】设置为 461.1、834，如图 8-101 所示。

图 8-101　设置【位置】参数

55 将"图层 1/ 渐变 01.psd"文件拖曳至 V5 轨道中，将该文件的开始、结束处与"图层 1/ 渐变 02.psd"文件对齐，选中"图层 1/ 渐变 01.psd"文件，将当前时间设置为 00:00:17:03，打开【效果控件】面板，将【位置】设置为 263.2、830，单击左侧的【切换动画】按钮，打开动画关键帧的记录，将【旋转】设置为 90，单击【不透明度】左侧的【切换动画】按钮，取消动画关键帧的记录，将【不透明度】设置为 60%，如图 8-102 所示。

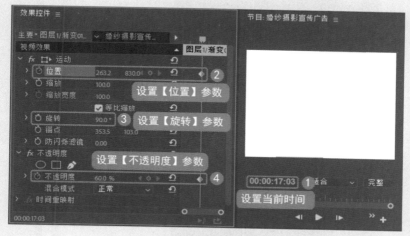

图 8-102　添加对象并设置参数

56 将当前时间设置为 00:00:18:07，【位置】设置为 263.2、-360，如图 8-103 所示。

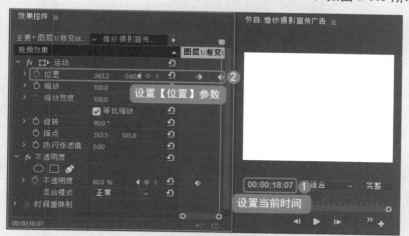

图 8-103　设置【位置】参数

57 将"图层 1/ 渐变 02.psd"文件拖至 V6 轨道中，将该文件的开始、结束处与"渐变 01.psd"文件对齐。选中"图层 1/ 渐变 02.psd"文件，打开【效果控件】面板，将当前时间设置为 00:00:16:02，在【运动】区域下，将【位置】设置为 -393.1、145.6，单击其左侧的【切换动画】按钮，打开动画关键帧的记录，将【旋转】设置为 180，单击【不透明度】左侧的【切换动画】按钮，取消动画关键帧的记录，设置【不透明度】为 60%，如图 8-104 所示。

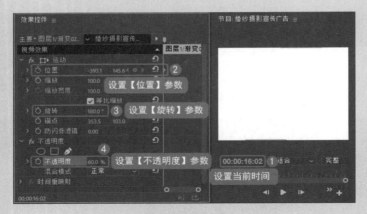

图 8-104　设置参数

58 将当前时间设置为 00:00:18:01，将【位置】设置为 1106.5、145.6，如图 8-105 所示。

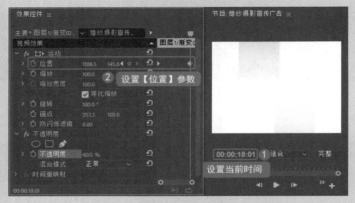

图 8-105　设置【位置】参数

59 将"图层 1/ 渐变 01.psd"文件拖至 V7 轨道中，将该文件的开始、结束处与"渐变 02.psd"文件对齐。选中"图层 1/ 渐变 01.psd"文件，打开【效果控件】面板，将当前时间设置为 00:00:16:02，在【运动】区域下，将【位置】设置为 1108.7、320，单击其左侧的【切换动画】按钮 ，打开动画关键帧的记录，单击【不透明度】左侧的【切换动画】按钮 ，取消动画关键帧的记录，将【不透明度】设置为 60%，如图 8-106 所示。

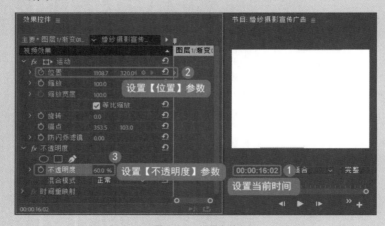

图 8-106　设置参数

60 将当前时间设置为 00:00:18:01，将【位置】设置为 -395.3、320，如图 8-107 所示。

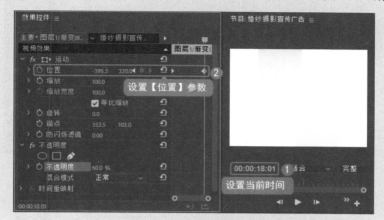

图 8-107　设置【位置】参数

61 将"图 08"拖至 V8 轨道中，将其开始、结束处与"图层 1/ 渐变 01.psd"文件对齐，如图 8-108 所示。

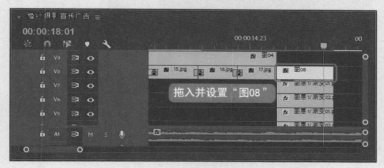

图 8-108　拖入并设置"图 08"

62 将"图 09"拖至 V9 轨道中，将其开始、结束处与"图层 1/ 渐变 01.psd"文件对齐，如图 8-109 所示。

图 8-109　拖入并设置"图 09"

63 选中"图 09"的情况下，为其添加【基本 3D】特效，打开【效果控件】面板，将当前时间设置为 00:00:17:06，单击【基本 3D】区域下【旋转】左侧的【切换动画】按钮 ，打开动画关键帧的记录，如图 8-110 所示。

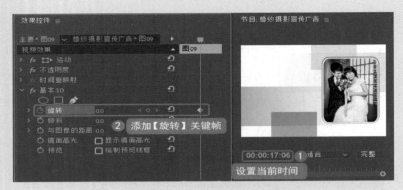

图 8-110 打开关键帧记录

64 将当前时间设置为 00:00:18:07，将【基本 3D】区域下的【旋转】设置为 180，如图 8-111 所示。

图 8-111 设置【旋转】参数

65 将"图 10"拖曳至 V10 轨道中，将其开始、结束处与"图 09"对齐。选中"图 10"，为其添加【基本 3D】特效，打开【效果控件】面板，将当前时间设置为 00:00:16:18，单击【基本 3D】区域下【旋转】左侧的【切换动画】按钮，打开动画关键帧的记录，如图 8-112 所示。

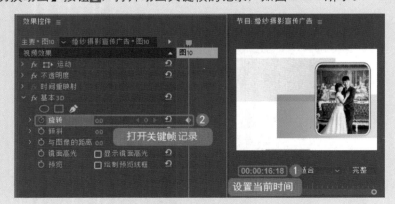

图 8-112 打开关键帧记录

66 将当前时间设置为 00:00:17:06，将【基本 3D】区域下的【旋转】设置为 180，如图 8-113 所示。

图 8-113　设置【旋转】参数

67 将当前时间设置为 00:00:18:02，单击【不透明度】右侧的【添加 / 移除关键帧】按钮 ，如图 8-114 所示。

图 8-114　添加【不透明度】关键帧

68 将当前时间设置为 00:00:18:03，【不透明度】设置为 0%，如图 8-115 所示。

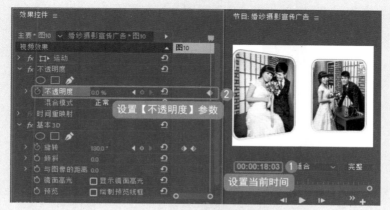

图 8-115　设置【不透明度】参数

69 将"图 11"拖曳至 V11 轨道中，将其开始、结束处与"图 10"文件对齐。选中"图 11"，为其添加【基本 3D】特效，打开【效果控件】面板，将当前时间设置为 00:00:16:02，单击【基本 3D】区域下【旋转】左侧的【切换动画】按钮◎，打开动画关键帧的记录，将【旋转】设置为 180，如图 8-116 所示。

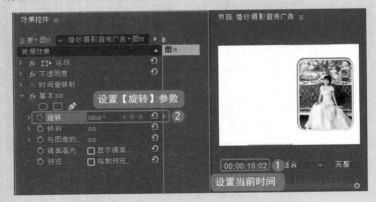

图 8-116　添加【基本 3D】效果并设置参数

70 将当前时间设置为 00:00:16:18，将【基本 3D】区域下的【旋转】设置为 0，如图 8-117 所示。

图 8-117　设置【旋转】参数

71 将当前时间设置为 00:00:17:05，单击【不透明度】右侧的【添加 / 移除关键帧】按钮◎，如图 8-118 所示。

图 8-118　添加【不透明度】关键帧

72 将当前时间设置为 00:00:17:06，【不透明度】设置为 0%，如图 8-119 所示。

图 8-119　设置【不透明度】参数

73 将当前时间设置为 00:00:20:04，将 28.jpg 文件拖至 V11 轨道中，并与"图 11"的结束处对齐，拖动该文件的结束处与编辑标识线对齐，如图 8-120 所示。

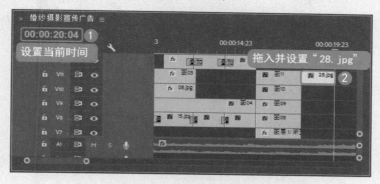

图 8-120　拖入并设置 28.jpg 文件

74 选中 28.jpg 文件，打开【效果控件】面板，在【运动】区域下，将【位置】设置为 360、232，【缩放】设置为 82，如图 8-121 所示。

图 8-121　设置参数

75 将当前时间设置为 00:00:21:21，将 29.jpg 文件拖至 V11 轨道中，并与 28.jpg 文件的结束处对齐，然后拖动该文件的结束处与编辑标识线对齐，如图 8-122 所示。

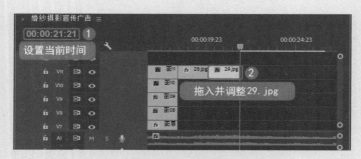

图 8-122　拖入并设置 29.jpg

76 选中 29.jpg 文件，打开【效果控件】面板，在【运动】区域下，将【位置】设置为 360、243，【缩放】设置为 76，为 28.jpg、29.jpg 文件的中间位置添加【棋盘】切换效果，如图 8-123 所示。

图 8-123　设置参数

77 将当前时间设置为 00:00:23:14，将 30.jpg 文件拖曳至 V11 轨道中，并与 29.jpg 文件的结束处对齐，拖动该文件的结束处与编辑标识线对齐，如图 8-124 所示。

图 8-124　拖入并设置 30.jpg 文件

78 选中 30.jpg 文件，打开【效果控件】面板，在【运动】区域下，将【缩放】设置为 77，为 29.jpg、30.jpg 文件的中间位置添加【棋盘】切换效果，如图 8-125 所示。

图 8-125　设置【缩放】参数并添加【棋盘】切换效果

79 当前时间设置为 00:00:25:07，将 31.jpg 文件拖至 V11 轨道中，并与 30.jpg 文件的结束处对齐，拖动该文件的结束处与编辑标识线对齐，如图 8-126 所示。

图 8-126　拖入并设置 31.jpg 文件

80 选中 31.jpg 文件，打开【效果控件】面板，将当前时间设置为 00:00:24:21，在【运动】区域下，将【缩放】设置为 76，单击【不透明度】右侧的【添加 / 移除关键帧】按钮 ，添加一处【不透明度】关键帧，如图 8-127 所示。

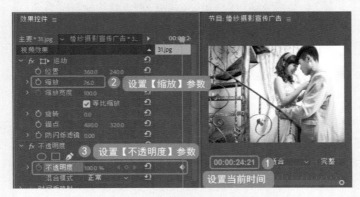

图 8-127　设置【缩放】参数并添加【不透明度】关键帧

81 将当前时间设置为 00:00:25:05，【不透明度】设置为 0%，如图 8-128 所示。

图 8-128　设置【不透明度】参数

82 为 30.jpg、31.jpg 文件的中间位置添加【棋盘】切换效果，如图 8-129 所示。

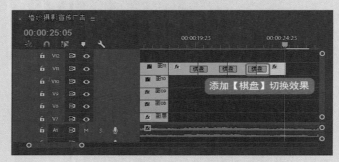

图 8-129　添加【棋盘】切换效果

83 将当前时间设置为 00:00:18:11，将"光 .avi"文件拖曳至 V12 轨道中，与编辑标识线对齐，拖动该文件的结束处与 31.jpg 文件的结束处对齐，如图 8-130 所示。

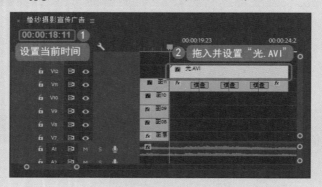

图 8-130　拖入并设置"光 .AVI"文件

84 选中"光 .avi"文件，打开【效果控件】面板，将当前时间设置为 00:00:24:22，在【运动】区域将【位置】设置为 267、196，【缩放】设置为 137，单击【不透明度】右侧的【添加 / 移除关键帧】按钮，将【混合模式】设置为【滤色】，如图 8-131 所示。

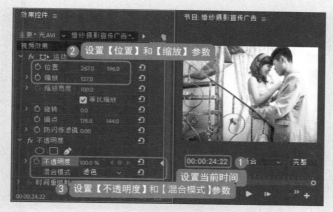

图 8-131 设置参数

85 将当前时间设置为 00:00:25:06,【不透明度】设置为 0%,如图 8-132 所示。

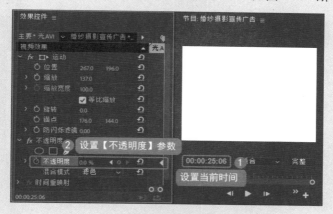

图 8-132 设置【不透明度】参数

86 将"花瓣飞舞 .AVI"文件拖曳至 V13 轨道中,并与"光 .AVI"文件的开始、结束处对齐,如图 8-133 所示。

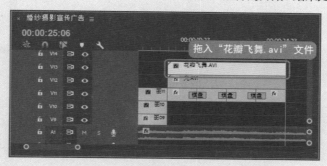

图 8-133 拖入并设置"花瓣飞舞 .AVI"文件

87 确定文件选中的情况下,打开【效果控件】面板,将当前时间设置为 00:00:24:22,将【运动】区域下的【缩放】设置为 159,单击【不透明度】右侧的【添加 / 移除关键帧】按钮 ,添加关键帧,将【混合模式】设置为【变亮】,如图 8-134 所示。

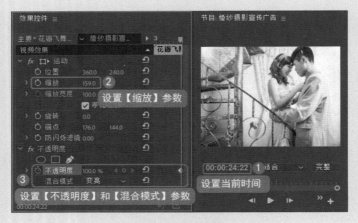

图 8-134　设置参数

88 将当前时间设置为 00:00:25:06，【不透明度】设置为 0%，如图 8-135 所示。

图 8-135　设置【不透明度】参数

89 将当前时间设置为 00:00:19:19，将"文字 03"文件拖至 V14 轨道中，并与编辑标识线对齐，拖动其结束处与"光 .AVI"文件的结束处对齐，如图 8-136 所示。

图 8-136　拖入并设置"文字 03"文件

90 为"文字 03"添加【方向模糊】特效。打开【效果控件】面板，将当前时间设置为 00:00:19:19，将【方向模糊】区域下的【模糊长度】设置为 60，单击其左侧的【切换动画】按钮，打开动画关键帧的记录，如图 8-137 所示。

图 8-137　设置【模糊长度】参数

91　将当前时间设置为 00:00:22:17，【模糊长度】设置为 0，如图 8-138 所示。

图 8-138　设置【模糊长度】参数

92　将当前时间设置为 00:00:24:18，将 32.jpg 文件拖曳至 V2 轨道中，与编辑标识线对齐，如图 8-139 所示。

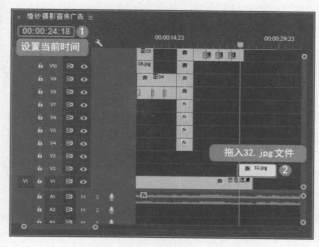

图 8-139　拖入并设置 32.jpg 文件

93 将当前时间设置为 00:00:29:04，拖动 32.jpg 文件的结束处与编辑标识线对齐，如图 8-140 所示。

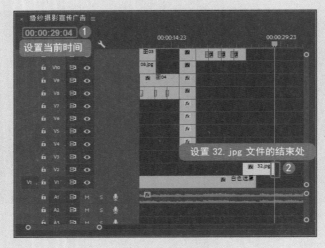

图 8-140　设置结束处

94 选中 32.jpg 文件，打开【效果控件】面板，将【缩放】设置为 82，如图 8-141 所示。

图 8-141　设置【缩放】参数

95 将当前时间设置为 00:00:25:04，将"图 12"拖曳至视频 3 轨道中，与编辑标识线对齐，如图 8-142 所示。

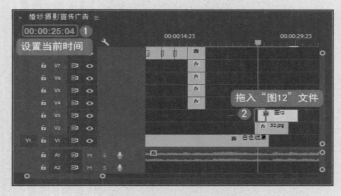

图 8-142　拖入并设置"图 12"

96 将当前时间设置为 00:00:28:09，拖动"图 12"的结束处与编辑标识线对齐，如图 8-143 所示。

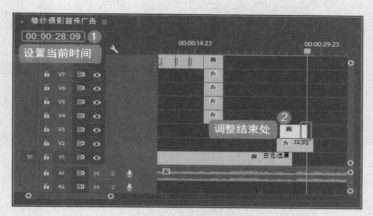

图 8-143　设置结束处

97 选中"图 12"，打开【效果控件】面板，将当前时间设置为 00:00:25:04，将【运动】区域下的【位置】设置为 −256.2、240，单击其左侧的【切换动画】按钮 ，打开动画关键帧的记录，如图 8-144 所示。

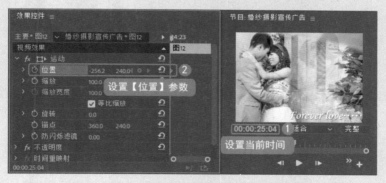

图 8-144　设置【位置】参数

98 将当前时间设置为 00:00:26:06，【位置】设置为 363.8、235，如图 8-145 所示。

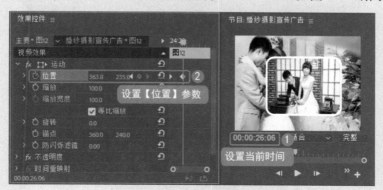

图 8-145　设置【位置】参数

99 将当前时间设置为 00:00:27:11，【位置】设置为 363.8、235，如图 8-146 所示。

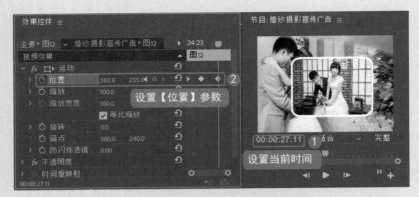

图 8-146　设置【位置】参数

100 将当前时间设置为 00:00:27:23，【位置】设置为 436.8、168.6，如图 8-147 所示。

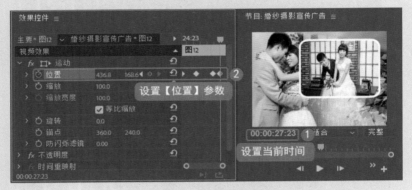

图 8-147　设置【位置】参数

101 将当前时间设置为 00:00:26:01，将"图 13"拖至 V4 轨道中，与编辑标识线对齐，拖动该文件的结束处与"图 12"的结束处对齐，如图 8-148 所示。

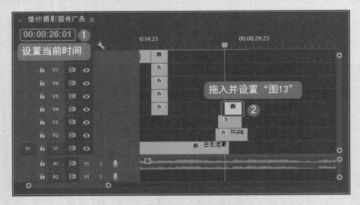

图 8-148　拖入并设置"图 13"

102 选中"图 13"，将当前时间设置为 00:00:26:01，打开【效果控件】面板，将【不透明度】设置为 0%，如图 8-149 所示。

图 8-149　设置【不透明度】参数

⑩3 将当前时间设置为 00:00:26:08，【不透明度】设置为 100%，如图 8-150 所示。

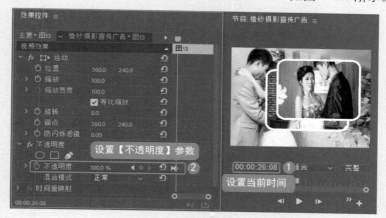

图 8-150　设置【不透明度】参数

⑩4 将当前时间设置为 00:00:26:14，【位置】设置为 305、289.3，单击其左侧的【切换动画】按钮，打开动画关键帧的记录，如图 8-151 所示。

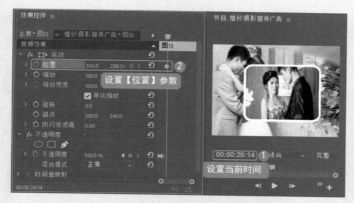

图 8-151　设置【位置】参数

⑩5 将当前时间设置为 00:00:27:11，【位置】设置为 305、289.3，如图 8-152 所示。

图 8-152 设置【位置】参数

106 将当前时间设置为 00:00:26:12，将"图 14"拖至 V5 轨道中，与编辑标识线对齐，拖动其结束处与"图 13"的结束处对齐，如图 8-153 所示。

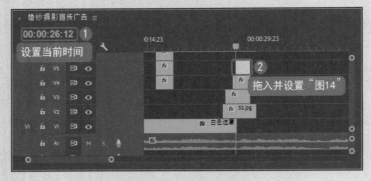

图 8-153 拖入并设置"图 14"

107 选中"图 14"，将当前时间设置为 00:00:26:12，打开【效果控件】面板，将【运动】区域下的【位置】设置为 1062.5、289.2，单击其左侧的【切换动画】按钮，打开动画关键帧的记录，如图 8-154 所示。

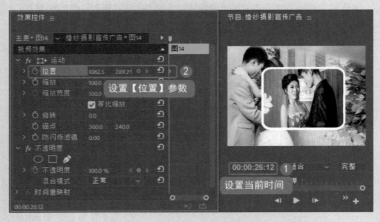

图 8-154 设置【位置】参数

108 将当前时间设置为 00:00:27:02，【位置】设置为 506、289.2，如图 8-155 所示。

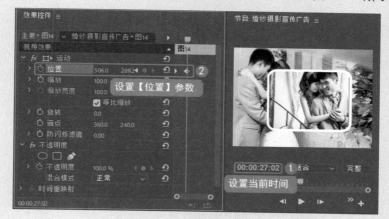

图 8-155 设置【位置】参数

109 将当前时间设置为 00:00:27:11，单击【位置】右侧的【添加/移除关键帧】按钮，如图 8-156 所示。

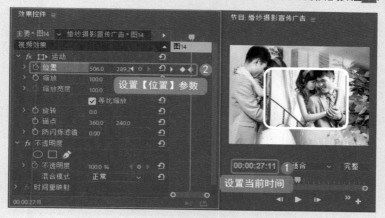

图 8-156 设置【位置】参数

110 将当前时间设置为 00:00:27:23，【位置】设置为 436.3、358.7，如图 8-157 所示。

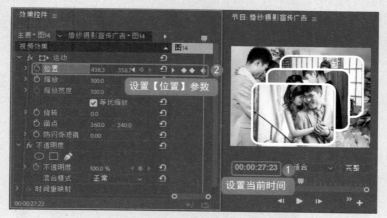

图 8-157 设置【位置】参数

111 将当前时间设置为00:00:28:00，将37.jpg文件拖至V6轨道中，与编辑标识线对齐，如图8-158所示。

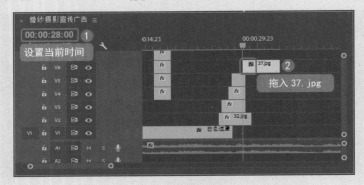

图 8-158　拖入 37.jpg

112 选中37.jpg文件，将当前时间设置为00:00:28:00，打开【效果控件】面板，将【运动】区域下的【位置】设置为360、240，【缩放】设置为200，分别单击【位置】、【缩放】左侧的【切换动画】按钮，打开动画关键帧的记录，将【不透明度】设置为0%，如图8-159所示。

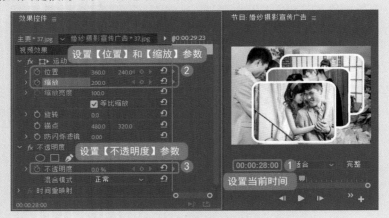

图 8-159　设置参数

113 将当前时间设置为00:00:29:05，【位置】设置为323、228，【缩放】设置为79，【不透明度】设置为100%，如图8-160所示。

图 8-160　设置参数

114 为 37.jpg 文件添加【高斯模糊】特效，将当前时间设置为 00:00:30:02，单击【模糊度】左侧的【切换动画】按钮 ○，打开动画关键帧的记录，如图 8-161 所示。

图 8-161　添加【高斯模糊】效果

115 将当前时间设置为 00:00:31:00，【模糊度】设置为 60，如图 8-162 所示。

图 8-162　设置【模糊度】参数

116 为 37.jpg 的开始处添加【叠加溶解】切换效果，并将该切换效果的【持续时间】设置为 00:00:00:10，如图 8-163 所示。

图 8-163　设置持续时间

117 将 "光 .AVI" 文件拖至 V7 轨道中，拖动其开始、结束位置与 37.jpg 文件的开始、结束位置对齐，单击鼠标右键，在弹出的快捷菜单中执行【速度 / 持续时间】命令，在打开的对话框中将【速度】设置为 130%，单击【确定】按钮，然后拖动素材结尾处与 37.jpg 文件结尾处对齐，如图 8-164 所示。

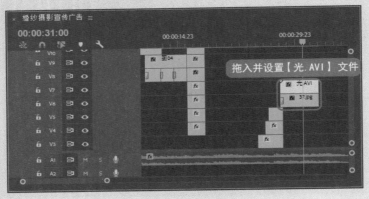

图 8-164　拖入并设置 "光 .AVI" 文件

118 选中 "光 .AVI" 文件，打开【效果控件】面板，取消勾选【等比缩放】复选框，将【缩放高度】、【缩放宽度】都设置为 180，将【不透明度】区域下的【混合模式】设置为【变亮】，如图 8-165 所示。

图 8-165　设置参数

119 将当前时间设置为 00:00:28:22，将 "文字 04" 拖至 V8 轨道中，与编辑标识线对齐，拖动 "文字 04" 的结束处至 00:00:28:22 位置处，如图 8-166 所示。

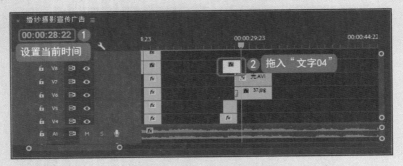

图 8-166　拖入并设置 "文字 04" 文件

120 选中"文字 04"的情况下，将当前时间设置为 00:00:26:12，打开【效果控件】面板，将【运动】区域下的【位置】设置为 360、-226.5，单击其左侧的【切换动画】按钮，打开动画关键帧的记录，如图 8-167 所示。

图 8-167　设置【位置】参数

121 将当前时间设置为 00:00:27:04，【位置】设置为 360、240，如图 8-168 所示。

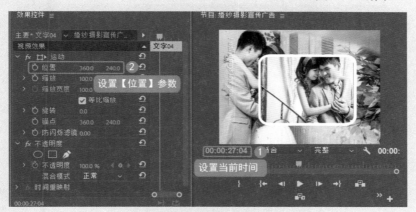

图 8-168　设置【位置】参数

122 将当前时间设置为 00:00:28:15，单击【不透明度】右侧的【添加/移除关键帧】按钮，如图 8-169 所示。

图 8-169　添加【不透明度】关键帧

123 将当前时间设置为 00:00:28:21，【不透明度】设置为 0%，如图 8-170 所示。

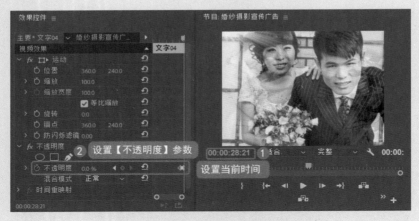

图 8-170 设置【不透明度】参数

124 将当前时间设置为 00:00:29:16，将"文字 05"拖至 V8 轨道中，与编辑标识线对齐，将其结束处与"光 .AVI"文件的结束处对齐，如图 8-171 所示。

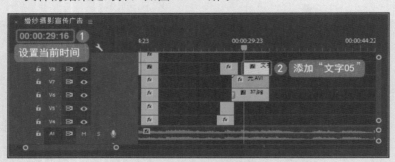

图 8-171 添加并设置"文字 05"文件

125 为"文字 05"添加【高斯模糊】特效，将当前时间设置为 00:00:29:16，激活【效果控件】面板，将【高斯模糊】区域下的【模糊度】设置为 400，单击其左侧的【切换动画】按钮 ⏱，打开动画关键帧的记录，如图 8-172 所示。

图 8-172 设置【高斯模糊】参数

126 将当前时间设置为 00:00:30:01，【模糊度】设置为 0，如图 8-173 所示。

图 8-173　设置【模糊度】参数

127 将当前时间设置为 00:00:28:22，将"星光 . AVI"文件拖曳至 V9 轨道中，如图 8-174 所示。

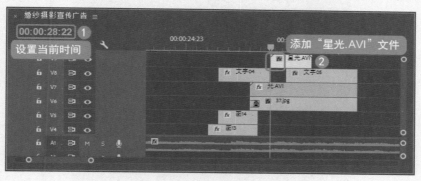

图 8-174　添加【星光 AVI】文件

128 选中"星光 .AVI"文件，打开【效果控件】面板，将【运动】区域下的【缩放】设置为 173，【不透明度】下的【混合模式】设置为【滤色】，如图 8-175 所示。

图 8-175　设置参数

129 将多余的音乐进行裁切并删除，执行菜单栏中的【文件】|【导出】|【媒体】命令，打开【导出设置】对话框，将【导出设置】区域下的【格式】设置为 AVI，在【输出名称】右侧设置输出的路径及名称，分别勾选【导出视频】、【导出音频】复选框，在【视频编解码器】区域下，将【视频编解码器】定义为 Microsoft Video1，在【基本视频设置】区域下，将【质量】设置为 100，如图 8-176 所示。

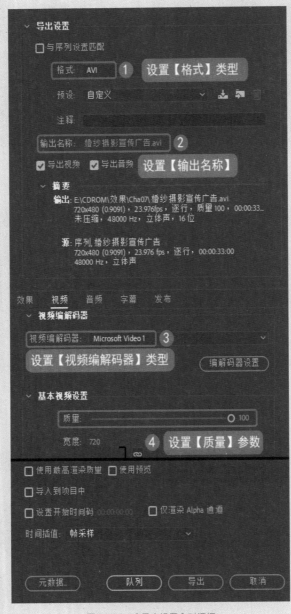

图 8-176 【导出设置】对话框

130 单击【导出】按钮，开始渲染输出。

CHAPTER 09

综合案例——城市旅游宣传片

本章概述 SUMMARY

■ 重点知识
- √ 制作开始动画效果
- √ 制作宣传片欣赏动画
- √ 制作结束动画效果
- √ 创建嵌套序列
- √ 添加背景音乐
- √ 导出影片

城市宣传片在内容表现上常有这样几个分类："城市宣传资料片""城市旅游宣传片""城市招商宣传片""城市形象宣传片"等。本章将介绍如何制作城市旅游宣传片，效果如图9-1所示。

◎ 图9-1 效果图

9.1 制作宣传片的开始动画

下面介绍如何制作旅游宣传片的开始动画，具体操作步骤如下。

01 启动 Premiere Pro CC 2018 软件，按 Ctrl+N 组合键，在【新建项目】对话框中设置项目名称及路径，单击【确定】按钮，如图 9-2 所示。

02 在【项目】面板中单击鼠标右键，在弹出的快捷菜单中执行【新建项目】|【序列】命令，如图 9-3 所示。

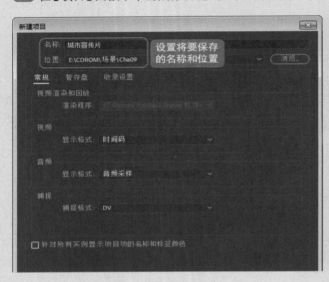

图 9-2　设置项目名称及路径

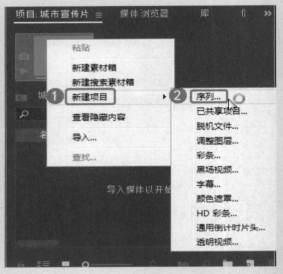

图 9-3　选择【序列】命令

03 在打开的【新建序列】对话框中选择【序列预设】选项卡，在【可用预设】选项组中选择 DV-PAL|【标准 48kHz】，将【序列名称】设置为"开始动画"，单击【确定】按钮，如图 9-4 所示。

04 在【项目】面板中单击鼠标右键，在弹出的快捷菜单中执行【新建项目】|【颜色遮罩】命令，如图 9-5 所示。

图 9-4　设置序列参数

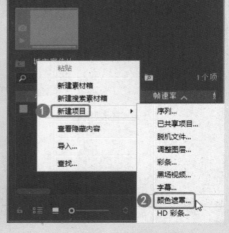

图 9-5　执行【颜色遮罩】命令

05 在打开的对话框中使用默认参数，单击【确定】按钮，在打开的对话框中将 RGB 值设置为 255、255、255，单击【确定】按钮，如图 9-6 所示。

06 在打开的对话框中单击【确定】按钮，将当前时间设置为 00:00:00:00，在【项目】面板中选择【颜色遮罩】，按住鼠标将其拖曳至 V1 视频轨道中，将其开始处与时间线对齐，选中该素材文件，单击鼠标右键，在弹出的快捷菜单中执行【速度 / 持续时间】命令，如图 9-7 所示。

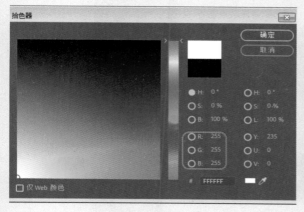

图 9-6　设置遮罩颜色

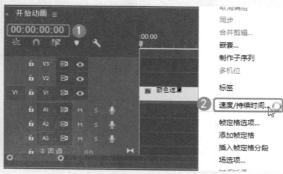

图 9-7　执行【速度 / 持续时间】命令

07 在打开的对话框中将【持续时间】设置为 00:00:11:15，单击【确定】按钮，在【效果】面板中打开【视频效果】文件夹，选择【图像控制】下的【颜色替换】视频效果，如图 9-8 所示。

08 双击该视频效果，将当前时间设置为 00:00:00:00，在【效果控件】面板中将【不透明度】设置为 0，将【颜色替换】下的【相似性】设置为 100，将【目标颜色】的 RGB 值设置为 255、255、255，将【替换颜色】的 RGB 值设置为 0、175、219，如图 9-9 所示。

图 9-8　选择【颜色替换】效果

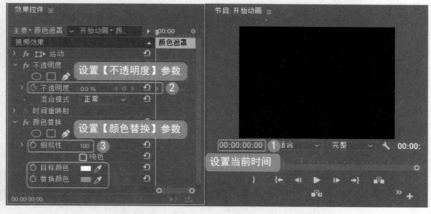

图 9-9　设置参数

09 将当前时间设置为 00:00:00:15，在【效果控件】面板中将【不透明度】设置为 100，如图 9-10 所示。

10 在菜单栏中执行【文件】|【新建】|【旧版标题】命令，在打开的对话框中使用默认参数，单击【确定】按钮，在弹出的字幕编辑器中选择【椭圆工具】，在【字幕】面板中按住 Shift 键绘制一个正圆，在【填充】选项组中将【填充类型】设置为【径向渐变】，将左侧色标的 RGB 值设置为 255、255、255，并调整其位置，将右侧色标的 RGB 值设置为 255、255、255，将其【色彩到不透明】设置为 0，在【变换】选项组中将【宽度】、【高度】都设置为 492，将【X 位置】、【Y 位置】分别设置为 400.8、293，关闭字幕编辑器，如图 9-11 所示。

图 9-10　设置【不透明度】参数

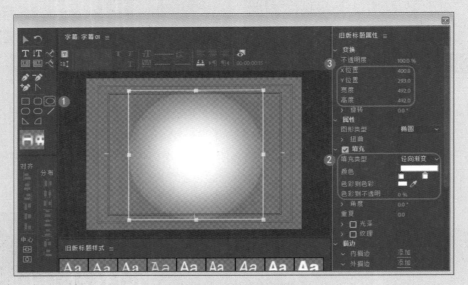

图 9-11　绘制正圆并设置参数

11 将当前时间设置为 00:00:00:00，在【项目】面板中选择"字幕 01"，按住鼠标将其拖曳至 V2 视频轨道中，将其开始处与时间线对齐，将其持续时间设置为 00:00:11:15。确认当前时间为 00:00:00:00，在【效果控件】面板中将【缩放】设置为 180，将【不透明度】设置为 0，如图 9-12 所示。

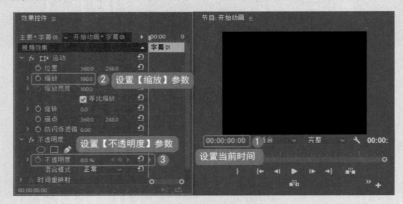

图 9-12　设置参数

⑫ 将当前时间设置为00:00:00:15，在【效果控件】面板中将【不透明度】设置为95，如图9-13所示。

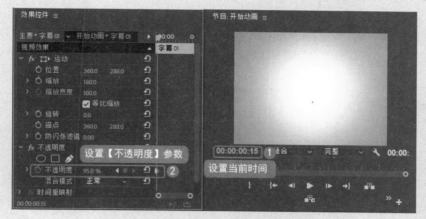

图9-13　设置【不透明度】参数

⑬ 在【项目】面板中双击，在打开的【导入】对话框中选择"CDROM\ 素材\Cha09"文件夹，单击【导入文件夹】按钮，如图9-14所示。

⑭ 将选中的素材文件夹导入至【项目】面板中，在菜单栏中单击【序列】按钮，在弹出的下拉列表中执行【添加轨道】命令，如图9-15所示。

图9-14　选择素材文件夹

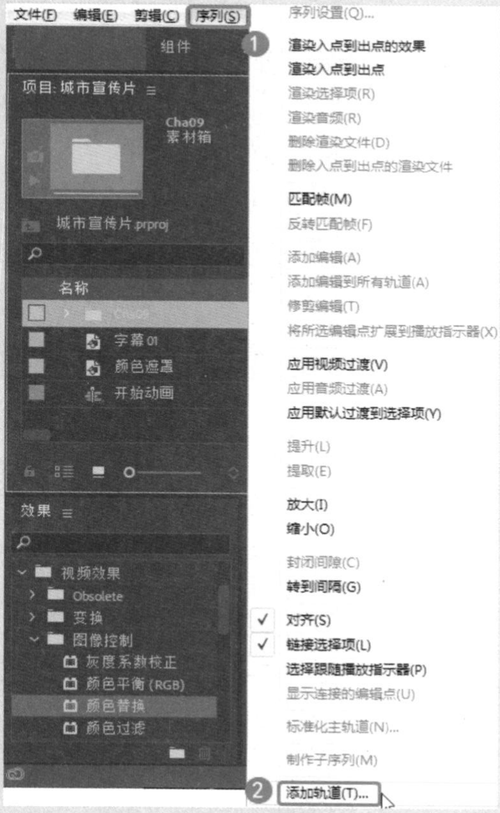

图9-15　执行【添加轨道】命令

15 在打开的对话框中将视频轨道设置为 5，将音频轨道设置为 0，单击【确定】按钮，如图 9-16 所示。

16 将当前时间设置为 00:00:00:15，在 Cha09 文件夹中选择"地球.png"素材文件，按住鼠标将其拖曳至 V4 视频轨道中，将其开始处与时间线对齐，将持续时间设置为 00:00:11:00，如图 9-17 所示。

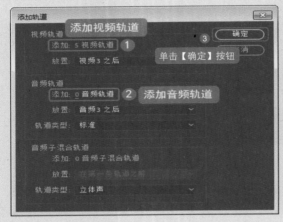

图 9-16 设置视频及音频轨道参数

图 9-17 添加素材文件并设置持续时间

17 选中该素材文件，将当前时间设置为 00:00:00:15，在【效果控件】面板中将【缩放】设置为 0，单击左侧的【切换动画】按钮，如图 9-18 所示。

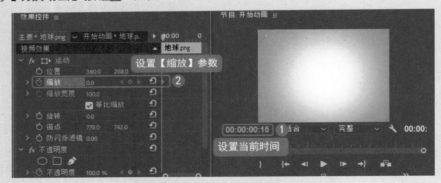

图 9-18 设置【缩放】参数

18 将当前时间设置为 00:00:01:15，在【效果控件】面板中将【缩放】设置为 35，单击【旋转】左侧的【切换动画】按钮，如图 9-19 所示。

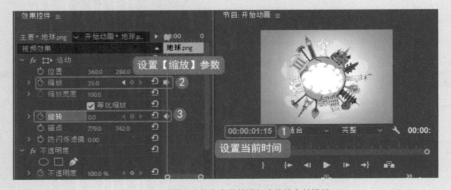

图 9-19 设置【缩放】参数并添加【旋转】关键帧

19 将当前时间设置为 00:00:05:15，在【效果控件】面板中单击【缩放】右侧的【添加 / 移除关键帧】按钮 ⊙，将【旋转】设置为 120，如图 9-20 所示。

图 9-20　设置【旋转】参数

20 将当前时间设置为 00:00:06:15，在【效果控件】面板中单击【位置】左侧的【切换动画】按钮 ⊙，将【位置】设置为 360、288，【缩放】设置为 22，单击【旋转】右侧的【添加 / 移除关键帧】按钮 ⊙，如图 9-21 所示。

图 9-21　设置参数

21 将当前时间设置为 00:00:07:15，在【效果控件】面板中将【位置】设置为 552、288，将【旋转】设置为 186，如图 9-22 所示。

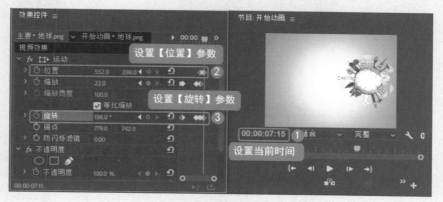

图 9-22　设置参数

22 将当前时间设置为 00:00:00:15，在【项目】面板中选择"路线 .png"素材文件，按住鼠标将其拖曳至 V5 视频轨道中，将其开始处与时间线对齐，将其持续时间设置为 00:00:11:00，如图 9-23 所示。

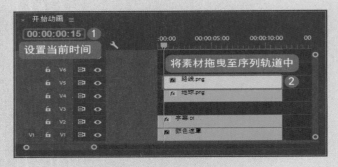

图 9-23　添加素材文件并设置持续时间

23 选中该素材文件，将当前时间设置为 00:00:00:15，在【效果控件】面板中将【缩放】设置为 0，单击其左侧的【切换动画】按钮，添加一个关键帧，如图 9-24 所示。

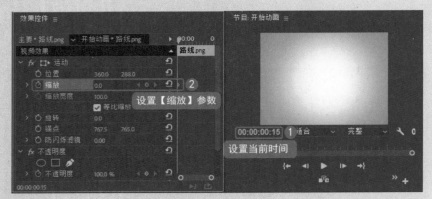

图 9-24　添加关键帧

24 将当前时间设置为 00:00:01:15，在【效果控件】面板中将【缩放】设置为 35，如图 9-25 所示。

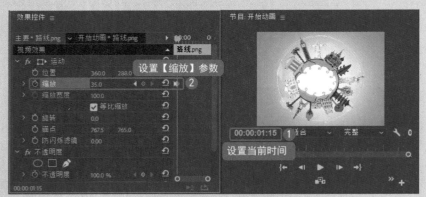

图 9-25　设置【缩放】参数

25 将当前时间设置为 00:00:05:15，在【效果控件】面板中单击【缩放】右侧的【添加 / 移除关键帧】按钮，如图 9-26 所示。

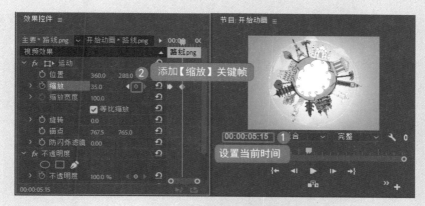

图 9-26　添加【缩放】关键帧

26 将当前时间设置为 00:00:06:15，在【效果控件】面板中单击【位置】左侧的【切换动画】按钮，将【位置】设置为 360、288，【缩放】设置为 22，如图 9-27 所示。

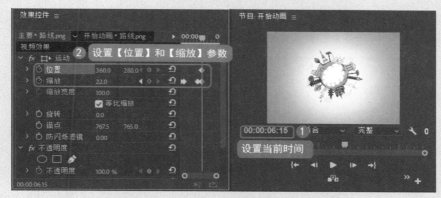

图 9-27　添加【位置】关键帧并设置参数

27 将当前时间设置为 00:00:07:15，在【效果控件】面板中将【位置】设置为 552、288，如图 9-28 所示。

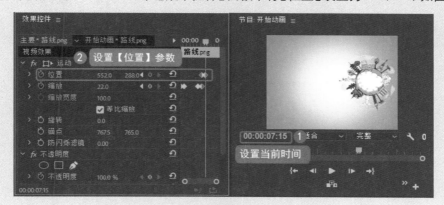

图 9-28　设置【位置】参数

28 将当前时间设置为 00:00:00:15，在【项目】面板中选择"飞机 .png"素材文件，按住鼠标将其拖曳至 V6 视频轨道中，将其开始处与时间线对齐，将其持续时间设置为 00:00:11:00，选中该素材文件，将当前时间设置为00:00:00:15，在【效果控件】面板中，将【位置】设置为349.5、295.9，将【缩放】设置为0，单击其左侧的【切换动画】按钮 🕐，如图9-29所示。

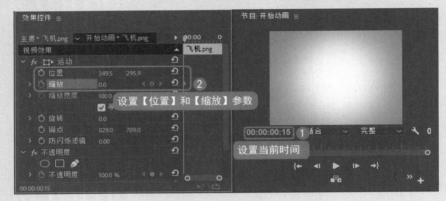

图 9-29 添加素材文件并设置参数

29 将当前时间设置为00:00:01:15，在【效果控件】面板中将【缩放】设置为35，单击【旋转】左侧的【切换动画】按钮 🕐，如图9-30所示。

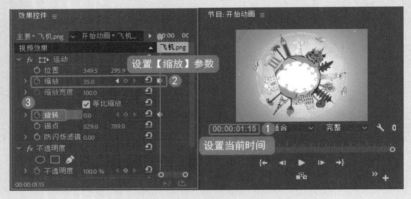

图 9-30 设置【缩放】参数并添加【旋转】关键帧

30 将当前时间设置为00:00:05:15，在【效果控件】面板中单击【缩放】右侧的【添加/移除关键帧】按钮 ◆，将【旋转】设置为-180，如图9-31所示。

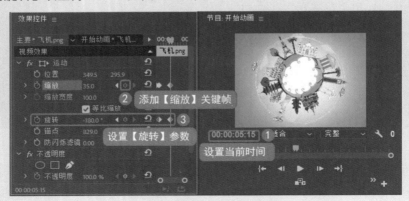

图 9-31 添加【缩放】关键帧并设置【旋转】参数

31 将当前时间设置为 00:00:06:15，在【效果控件】面板中单击【位置】左侧的【切换动画】按钮，将【位置】设置为 349.5、295.9，【缩放】设置为 22，单击【旋转】右侧的【添加/移除关键帧】按钮，如图 9-32 所示。

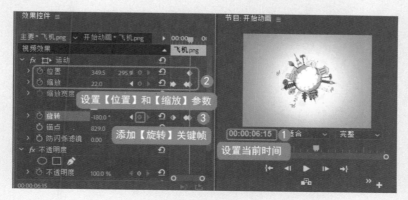

图 9-32　设置参数并填加【旋转】关键帧

32 将当前时间设置为 00:00:07:15，在【效果控件】面板中将【位置】设置为 553.5、295.9，【旋转】设置为 -281，如图 9-33 所示。

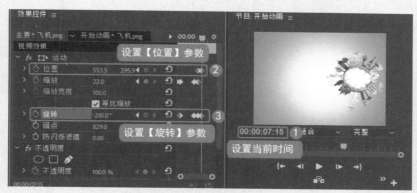

图 9-33　设置参数

33 在菜单栏中执行【文件】|【新建】|【旧版标题】命令，在打开的对话框中使用默认参数，单击【确定】按钮，在弹出的字幕编辑器中选择【矩形工具】，在【字幕】面板中绘制一个矩形，选中绘制的矩形，在【填充】选项组中将【颜色】的 RGB 值设置为 157、231、255，【不透明度】设置为 50，在【描边】选项组中单击【外描边】右侧的【添加】按钮，将【大小】设置为 2，将【颜色】的 RGB 值设置为 255、255、255，在【变换】选项组中将【宽度】、【高度】分别设置为 571.7、125.3，将【X 位置】、【Y 位置】分别设置为 287.7、280.2，如图 9-34 所示。

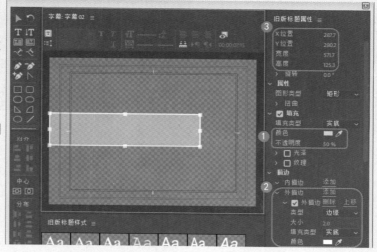

图 9-34　绘制矩形并进行设置

34 关闭字幕编辑器，将当前时间设置为00:00:07:15，在【项目】面板中选择"字幕02"，按住鼠标将其拖曳至V3视频轨道中，将其持续时间设置为00:00:04:00，如图9-35所示。

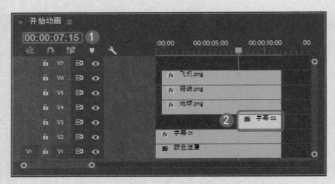

图 9-35　添加素材并设置持续时间

35 在【效果】面板中，打开【视频过渡】文件夹，选择【擦除】下的【划出】视频效果，如图9-36所示。

36 按住鼠标将其拖曳至"字幕02"素材文件的开始处，并选中该过渡效果，在【效果控件】面板中单击【自东向西】按钮，将【持续时间】设置为00:00:00:20，如图9-37所示。

图 9-36　添加【划出】效果

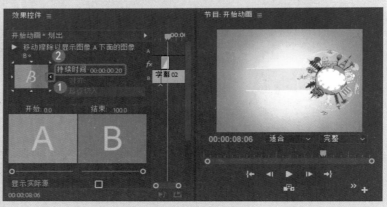

图 9-37　添加过渡效果并进行设置

37 在菜单栏中执行【文件】【新建】【旧版标题】命令，在打开的对话框中使用默认设置，单击【确定】按钮，在字幕编辑器中单击【文字工具】■，在【字幕】面板中单击，输入文字CITY，选中输入的文字，在【属性】选项组中将【字体系列】设置为Comic Sans MS，【字体大小】设置为37，在【填充】选项组中，将【颜色】的RGB值设置为220、35、15，在【描边】选项组中单击【外描边】右侧的【添加】，将【大小】设置为45，【颜色】的RGB值设置为255、255、255，如图9-38所示。

38 在【变换】选项组中，将【X位置】、【Y位置】分别设置为373.5、261.9，如图9-39所示。

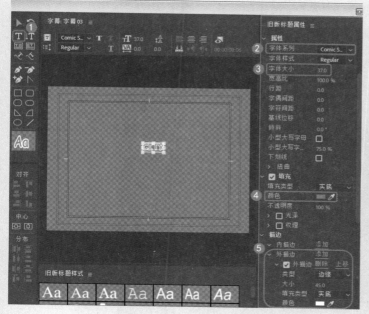

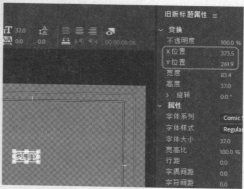

图 9-38　输入文字并进行设置

图 9-39　设置参数

39 再次使用【文字工具】T在【字幕】面板中输入文字 PROMOTIONAL，选中输入的文字，在【属性】选项组中，将【字体大小】设置为 25，在【填充】选项组中，将【颜色】的 RGB 值设置为 76、32、10，在【变换】选项组中，将【X 位置】、【Y 位置】分别设置为 381、296.5，如图 9-40 所示。

图 9-40　输入文字并进行设置

40 使用【文字工具】T在【字幕】面板中输入文字 FILM，选中输入的文字，在【属性】选项组中，将【字体大小】设置为 35，在【填充】选项组中将【颜色】的 RGB 值设置为 63、172、236，在【变换】选项组中将【X 位置】、【Y 位置】分别设置为 376.7、333.8，如图 9-41 所示。

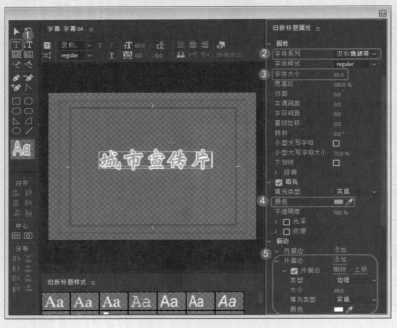

图 9-41　输入文字并进行设置

41 在菜单栏中执行【文件】|【新建】|【旧版标题】命令，在打开的对话框中单击【确定】按钮，使用【文字工具】▼在【字幕】面板中输入文字"城市宣传片"，选中输入的文字，在【属性】选项组中，将【字体系列】设置为汉仪魏碑简，【字体大小】设置为 65，在【填充】选项组中，将【颜色】的 RGB 值设置为 253、110、163，在【描边】选项组中单击【外描边】右侧的【添加】，将【大小】设置为 40，【颜色】的 RGB 值设置为 255、255、255，如图 9-42 所示。

图 9-42　新建字幕并输入文字

42 选中该文字，在【变换】选项组中，将【X位置】、【Y位置】分别设置为226.4、280，如图9-43所示。

图9-43　调整文字位置

43 关闭字幕编辑器，将当前时间设置为00:00:00:15，在【项目】面板中选择"字幕03"，按住鼠标将其拖曳至V7视频轨道中，将其开始处与时间线对齐，将其持续时间设置为00:00:11:00，如图9-44所示。

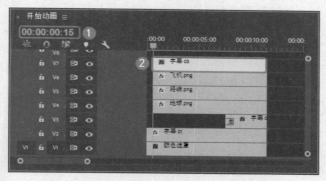

图9-44　添加素材并设置持续时间

44 将当前时间设置为00:00:00:15，在【效果控件】面板中单击【缩放】左侧的【切换动画】按钮，将【缩放】设置为0，如图9-45所示。

图9-45　设置【缩放】参数

45 将当前时间设置为00:00:01:15，在【效果控件】面板中将【缩放】设置为100，如图9-46所示。

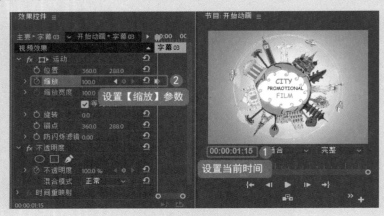

图 9-46　设置【缩放】参数

46 将当前时间设置为00:00:05:15，在【效果控件】面板中单击【缩放】右侧的【添加/移除关键帧】按钮，如图9-47所示。

图 9-47　添加【缩放】关键帧

47 将当前时间设置为00:00:06:15，在【效果控件】面板中单击【位置】左侧的【切换动画】按钮，将【缩放】设置为50，如图9-48所示。

图 9-48　添加【位置】关键帧并设置【缩放】参数

48 将当前时间设置为00:00:07:15，在【效果控件】面板中，将【位置】设置为578、288，如图9-49所示。

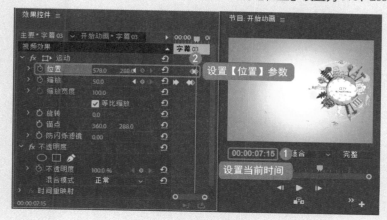

图9-49 设置【位置】参数

49 将当前时间设置为00:00:08:13，在【项目】面板中选择"字幕04"，按住鼠标将其拖曳至V8视频轨道中，将其开始处与时间线对齐，将持续时间设置为00:00:03:02，如图9-50所示。

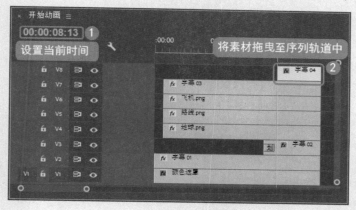

图9-50 添加素材并设置持续时间

50 将当前时间设置为00:00:08:13，在【效果控件】面板中将【不透明度】设置为0，如图9-51所示。

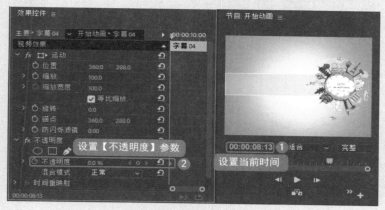

图9-51 设置【不透明度】参数

51 将当前时间设置为 00:00:09:10，在【效果控件】面板中将【不透明度】设置为 100，如图 9-52 所示。

图 9-52 设置【不透明度】参数

9.2 制作宣传片的欣赏动画

下面介绍如何制作旅游宣传片的欣赏动画，具体操作步骤如下。

01 按 Ctrl+N 组合键，在打开的对话框中选择【序列预设】选项卡，选择 DV-PAL|【标准 48kHz】选项，将【序列名称】设置为"宣传片欣赏"，单击【确定】按钮，如图 9-53 所示。

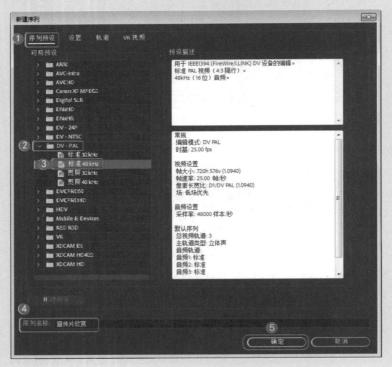

图 9-53 设置序列参数

02 将当前时间设置为 00:00:00:00，在【项目】面板中选择 "北京 1.jpg" 素材文件，按住鼠标将其拖曳至 V1 视频轨道中，将其开始处与时间线对齐，将其持续时间设置为 00:00:05:05，如图 9-54 所示。

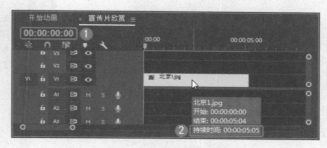

图 9-54　添加素材并设置持续时间

03 在【效果】面板中，打开【视频效果】文件夹，选择【颜色校正】下的【亮度与对比度】视频效果，如图 9-55 所示。

04 双击该视频效果，使用同样的方法添加【高斯模糊】视频效果，选中该素材将当前时间设置为 00:00:00:20，在【效果控件】面板中将【位置】设置为 24、24.8，【缩放】设置为 50，【锚点】设置为 164、59，将【亮度与对比度】下的【亮度】、【对比度】分别设置为 31、-13，将【高斯模糊】下的【模糊度】设置为 75，单击其左侧的【切换动画】按钮，如图 9-56 所示。

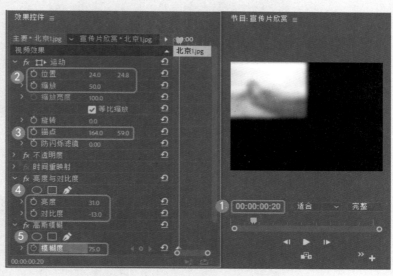

图 9-55　选择【亮度与对比度】效果　　　　　　　　　　图 9-56　设置参数

05 将当前时间设置为 00:00:01:05，在【效果控件】面板中单击【缩放】左侧的【切换动画】按钮，将【高斯模糊】下的【模糊度】设置为 0，如图 9-57 所示。

06 将当前时间设置为 00:00:01:12，在【效果控件】面板中将【缩放】设置为 104，如图 9-58 所示。

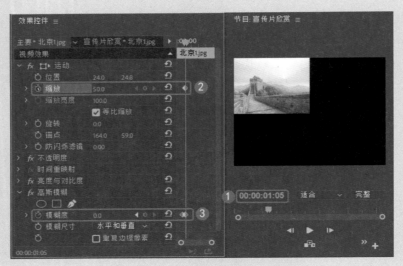

图 9-57 添加【缩放】关键帧并设置【模糊度】参数

图 9-58 设置【缩放】参数

07 将当前时间设置为 00:00:00:00，在【项目】面板中选择"桂林 1.jpg"素材文件，按住鼠标将其拖曳至 V2 视频轨道中，将其开始处与时间线对齐，将持续时间设置为 00:00:01:05，如图 9-59 所示。

图 9-59 添加素材并设置持续时间

08 在【效果控件】面板中，打开【视频效果】文件夹，选择【模糊与锐化】下的【高斯模糊】视频效果，如图 9-60 所示。

09 双击该视频效果，在【效果控件】面板中将【位置】设置为 728.2、15.6，【缩放】设置为 29，将【锚点】设置为1380、246，将【高斯模糊】下的【模糊度】设置为100，如图9-61所示。

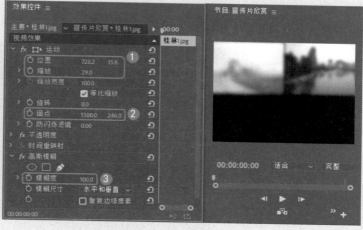

图9-60 选择【高斯模糊】效果   图9-61 设置参数

10 将当前时间设置为00:00:00:00，在【项目】面板中选择"苏州1.jpg"素材文件，按住鼠标将其拖曳至V3视频轨道中，将其开始处与时间线对齐，将其持续时间设置为00:00:01:05，如图9-62所示。

图9-62 添加素材并设置持续时间

11 选中该素材文件，为其添加【亮度与对比度】和【高斯模糊】视频效果，在【效果控件】面板中，将【位置】设置为-1.2、560，【缩放】设置为50，【锚点】设置为216、560.5，将【亮度与对比度】下的【亮度】、【对比度】分别设置为32、26，将【高斯模糊】下的【模糊度】设置为75，如图9-63所示。

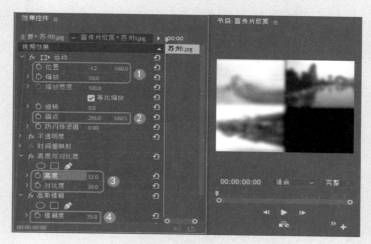

图9-63 设置参数

12 将当前时间设置为 00:00:00:00，在【项目】面板中选择"西湖 1.jpg"素材文件，按住鼠标将其拖曳至 V3 视频轨道上方的空白处，将其开始处与时间线对齐，将其持续时间设置为 00:00:01:05，如图 9-64 所示。

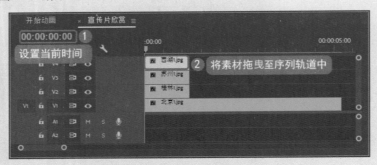

图 9-64　添加素材并设置持续时间

13 选中该素材文件，为其添加【高斯模糊】视频效果，在【效果控件】面板中，将【位置】设置为 711.2、568，【缩放】设置为 39，【锚点】设置为 981、741.5，将【高斯模糊】下的【模糊度】设置为 75，如图 9-65 所示。

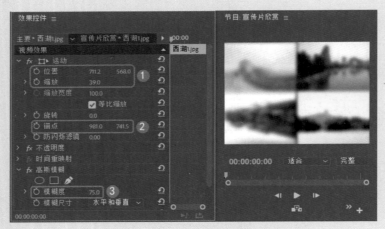

图 9-65　设置参数

14 将当前时间设置为 00:00:00:20，在【项目】面板中选择【颜色遮罩】，按住鼠标将其拖曳至 V4 视频轨道上方的空白处，将其持续时间设置为 00:00:00:02，如图 9-66 所示。

图 9-66　添加素材并设置持续时间

⑮ 选中该素材，在【效果控件】面板中，将【位置】设置为 180、133，【缩放】设置为 51，将【不透明度】设置为 50，单击其左侧的【切换动画】按钮，在打开的【警告】对话框中单击【确定】按钮，取消【不透明度】的关键帧，如图 9-67 所示。

图 9-67　设置参数

⑯ 将当前时间设置为 00:00:00:24，在 V5 视频轨道中选中素材文件，按住 Alt 键将其向右拖动，将其开始处与时间线对齐，复制后的效果如图 9-68 所示。

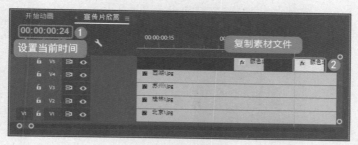

图 9-68　复制素材文件

⑰ 将当前时间设置为 00:00:01:03，按住 Alt 键继续将选中的素材文件进行复制，将复制后的对象的开始处与时间线对齐，效果如图 9-69 所示。

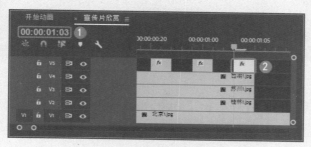

图 9-69　复制素材文件后的效果

⑱ 在菜单栏中执行【文件】|【新建】|【旧版标题】命令，在打开的对话框中使用默认参数，

单击【确定】按钮，在弹出的字幕编辑器中选择【钢笔工具】，在【字幕】面板中绘制一个图形，选中该图形，在【属性】选项组中将【图形类型】设置为【填充贝塞尔曲线】，在【填充】选项组中，将【颜色】的 RGB 值设置为 0、0、0，在【描边】选项组中单击【外描边】右侧的【添加】，将【大小】设置为 4，将【颜色】的 RGB 值设置为 255、255、255，勾选【阴影】复选框，将【颜色】的 RGB 值设置为 0、0、0，将【不透明度】、【角度】、【距离】、【大小】、【扩展】分别设置为 40、-225、3、5、60，在【变换】选项组中将【宽度】、【高度】分别设置为 291、242.3，将【X 位置】、【Y 位置】分别设置为 391.7、289.1，如图 9-70 所示。

> **提示一下**
>
> 如果使用【钢笔工具】绘制的图形达不到理想的效果，可以使用【转换锚点工具】对绘制的图形进行调整。

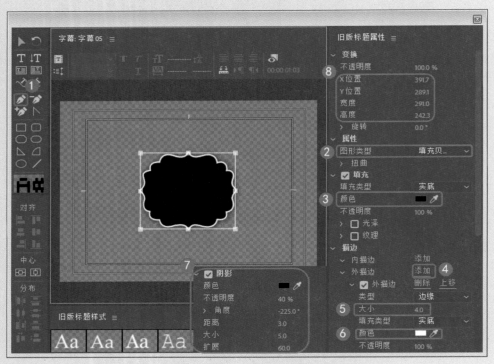

图 9-70　绘制图形并进行设置

19　在菜单栏中执行【文件】|【新建】|【旧版标题】命令，在打开的对话框中单击【确定】按钮，选择【矩形工具】，在【字幕】面板中绘制一个矩形，选中该矩形，在【填充】选项组中，将【颜色】的 RGB 值设置为 0、0、0，在【描边】选项组中单击【外描边】右侧的【添加】，将【大小】设置为 4，【颜色】的 RGB 值设置为 255、255、255，在【变换】选项组中，将【宽度】、【高度】分别设置为 804.8、41.9，将【X 位置】、【Y 位置】分别设置为 394.6、288.4，如图 9-71 所示。

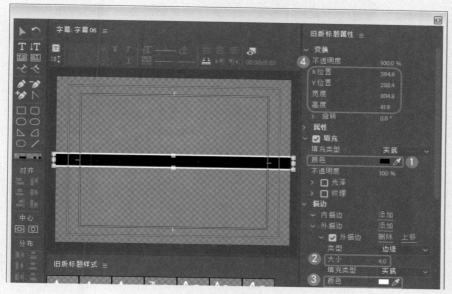

图 9-71　绘制矩形并进行设置

⑳ 关闭字幕编辑器，将当前时间设置为 00:00:00:00，在【项目】面板中选择"字幕06"，按住鼠标将其拖曳至 V5 视频轨道上方的空白处，将其开始处与时间线对齐，将其持续时间设置为 00:00:01:05，如图 9-72 所示。

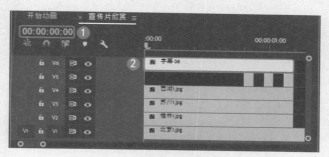

图 9-72　添加素材文件并设置持续时间

㉑ 使用同样的方法将"字幕05"添加至 V7 视频轨道中，将当前时间设置为 00:00:00:00，在【项目】面板中选择 001.png 素材文件，按住鼠标将其拖曳至 V7 视频轨道上方的空白处，将其开始处与时间线对齐，将其持续时间设置为 00:00:01:05，如图 9-73 所示。

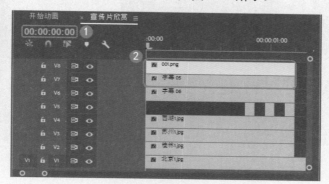

图 9-73　添加素材文件

22 选中该素材文件，在【效果控件】面板中，将【位置】设置为 366、292，【缩放】设置为 125，如图 9-74 所示。

图 9-74　设置【位置】和【缩放】参数

23 将当前时间设置为 00:00:02:00，在【项目】面板中选择"北京 2.jpg"素材文件，按住鼠标将其拖曳至 V2 视频轨道中，将其开始处与时间线对齐，将其持续时间设置为 00:00:00:20，如图 9-75 所示。

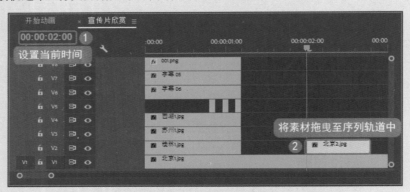

图 9-75　添加素材文件

24 选中该素材文件，在【效果控件】面板中将【缩放】设置为 84，如图 9-76 所示。

图 9-76　设置【缩放】参数

25 将当前时间设置为 00:00:02:20,在【项目】面板中选择 "北京 3.jpg" 素材文件,按住鼠标将其拖曳至 V2 视频轨道中,将其开始处与时间线对齐,将其持续时间设置为 00:00:00:20,如图 9-77 所示。

图 9-77 添加素材并设置持续时间

26 继续选中该素材文件,在【效果控件】面板中将【缩放】设置为 80,如图 9-78 所示。

图 9-78 设置【缩放】参数

27 在【效果】面板中打开【视频过渡】文件夹,选择【滑动】下的【推】视频过渡效果,如图 9-79 所示。

28 将选中的视频过渡效果拖曳至 "北京 2.jpg" 与 "北京 3.jpg" 的中间,选中添加的视频过渡效果,在【效果控件】面板中单击【自东向西】按钮,将【持续时间】设置为 00:00:00:10,如图 9-80 所示。

图 9-79 选择【推】效果

图 9-80 添加视频过渡效果

29 使用同样的方法添加其他素材文件，并为其添加【推】视频效果，如图 9-81 所示。

图 9-81　添加其他素材及视频过渡效果

30 在【项目】面板中单击鼠标右键，在弹出的快捷菜单中执行【新建项目】|【颜色遮罩】命令，在打开的对话框中单击【确定】按钮，打开【拾色器】对话框，将 RGB 值设置为 0、0、0，单击【确定】按钮，如图 9-82 所示。

图 9-82　设置遮罩颜色

31 在打开的对话框中将名称设置为"黑色遮罩"，单击【确定】按钮，将当前时间设置为 00:00:02:00，在【项目】面板中选择【黑色遮罩】，按住鼠标将其拖曳至 V3 视频轨道中，将其开始处与时间线对齐，将其持续时间设置为 00:00:00:20，如图 9-83 所示。

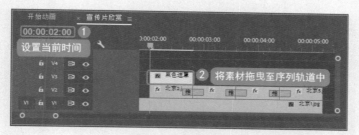

图 9-83　添加素材并设置持续时间

32 选中该素材，将当前时间设置为 00:00:02:00，在【效果控件】面板中单击【不透明度】右侧的【添加 / 移除关键帧】按钮，添加一个关键帧，如图 9-84 所示。

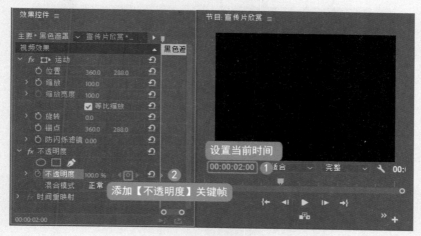

图 9-84　添加【不透明度】关键帧

33 将当前时间设置为 00:00:02:10，在【效果控件】面板中将【不透明度】设置为 0，如图 9-85 所示。

图 9-85　设置【不透明度】参数

34 将当前时间设置为 00:00:05:05，在【项目】面板中选择"背景 .jpg"素材文件，按住鼠标将其拖曳至 V1 视频轨道中，将其开始处与时间线对齐，将其持续时间设置为 00:00:03:05，如图 9-86 所示。

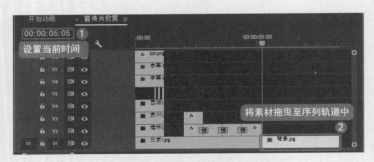

图 9-86 添加素材文件并设置持续时间

35 继续选中该素材文件，在【效果控件】面板中将【缩放】设置为 37，如图 9-87 所示。

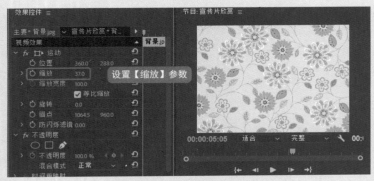

图 9-87 设置【缩放】参数

36 在菜单栏中执行【文件】|【新建】|【旧版标题】命令，在打开的对话框中将【名称】设置为"填充图片 01"，单击【确定】按钮，在弹出的字幕编辑器中选择【圆角矩形】工具，在【字幕】面板中绘制一个圆角矩形，在【属性】选项组中将【圆角大小】设置为 6，在【描边】选项组中单击【外描边】右侧的【添加】，将【大小】设置为 7，将【颜色】的 RGB 值设置为 255、255、255，在【变换】选项组中将【宽度】、【高度】分别设置为 757.6、546，将【X 位置】、【Y 位置】分别设置为 393.2、285.3，如图 9-88 所示。

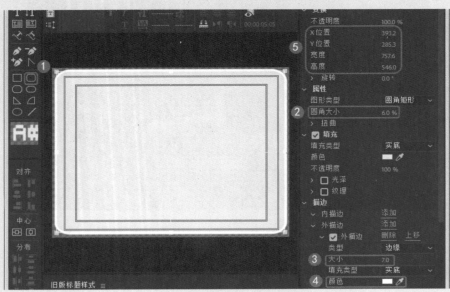

图 9-88 绘制圆角矩形并设置参数

37 继续选中该圆角矩形，在【填充】选项组中勾选【纹理】复选框，单击【纹理】右侧的按钮，在打开的对话框中选择"CDROM\ 素材 \Cha09\ 北京 6.jpg"素材文件，单击【打开】按钮，如图 9-89 所示。

图 9-89　选择素材文件

38 关闭字幕编辑器，将当前时间设置为 00:00:05:05，在【项目】面板中选择"填充图片01"，按住鼠标将其拖曳至 V2 视频轨道中，将其开始处与时间线对齐，将其持续时间设置为00:00:03:05，如图 9-90 所示。

39 在【效果】面板中，打开【视频效果】文件夹，选择【模糊与锐化】下的【高斯模糊】视频效果，如图 9-91 所示。

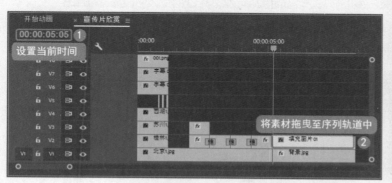

图 9-90　添加素材文件并设置持续时间

图 9-91　选择视频效果

40 双击该视频效果，将当前时间设置为 00:00:05:05，在【效果控件】面板中将【缩放】设置为135，将【旋转】设置为 –4，将【高斯模糊】下的【模糊度】设置为 20，单击其左侧的【切换动画】按钮，如图 9-92 所示。

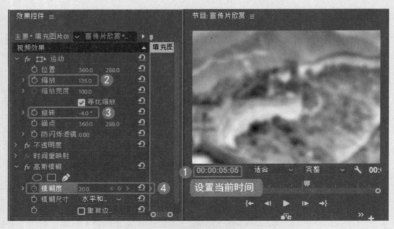

图 9-92　设置参数

41 将当前时间设置为 00:00:05:18，在【效果控件】面板中单击【缩放】左侧的【切换动画】按钮，将【模糊度】设置为 0，如图 9-93 所示。

图 9-93　添加【缩放】关键帧并设置【模糊度】参数

42 将当前时间设置为 00:00:05:19，在【效果控件】面板中将【缩放】设置为 100，如图 9-94 所示。

图 9-94　设置【缩放】参数

43 将当前时间设置为 00:00:07:24，在【效果控件】面板中将【缩放】设置为 85，如图 9-95 所示。

图 9-95　设置【缩放】参数

44 在菜单栏中执行【文件】|【新建】|【旧版标题】命令，在打开的对话框中将【名称】设置为"拍照图形"，单击【确定】按钮，在弹出的字幕编辑器中选择【椭圆工具】，在【字幕】面板中按住 Shift 键绘制一个正圆，取消勾选【填充】复选框，在【描边】选项组中单击【外描边】右侧的【添加】，将【大小】设置为 2，在【变换】选项组中将【宽度】、【高度】都设置为 166.4，将【X 位置】、【Y 位置】分别设置为 414.5、287，如图 9-96 所示。

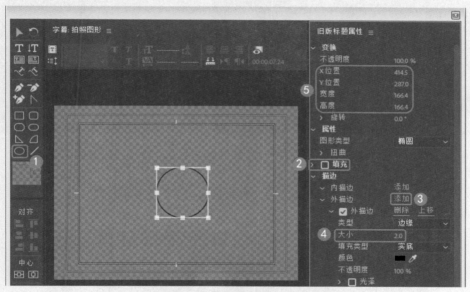

图 9-96　绘制正圆并进行设置

45 按住 Alt 键对正圆进行复制，选中复制后的对象，在【变换】选项组中，将【宽度】、【高度】都设置为 142.8，【X 位置】、【Y 位置】分别设置为 414.5、287，如图 9-97 所示。

46 在字幕编辑中选择【弧形工具】，在【字幕】面板中按住 Shift 键绘制一个弧形，勾选【填充】复选框，将【颜色】的 RGB 值设置为 0、0、0，在【描边】选项组中取消勾选【外描边】复选框，在【变换】选项组中，将【宽度】、【高度】都设置为 71.4，【旋转】设置为 270，【X 位置】、【Y 位置】分别设置为 378.8、322.7，如图 9-98 所示。

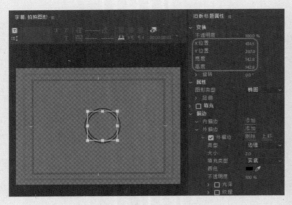

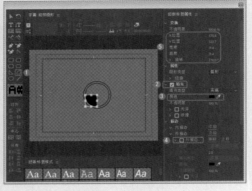

图 9-97　复制正圆并调整其参数　　　　　　　　　　　　图 9-98　绘制弧形

47 按住 Alt 键复制弧形，选中复制后的弧形，在【变换】选项组中，将【旋转】设置为 180，将【X 位置】、【Y 位置】分别设置为 449.8、322.7，如图 9-99 所示。

48 使用【钢笔工具】在【字幕】面板中绘制其他图形，并调整其位置，效果如图 9-100 所示。

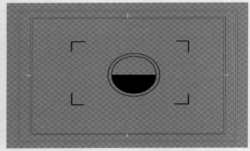

图 9-99　复制弧形并设置参数　　　　　　　　　　　　图 9-100　绘制其他图形后的效果

49 关闭字幕编辑器，将当前时间设置为 00:00:05:10，在【效果控件】面板中选择"拍照图形"，按住鼠标将其拖曳至 V3 视频轨道中，将其开始处与时间线对齐，将其持续时间设置为 00:00:00:08，如图 9-101 所示。

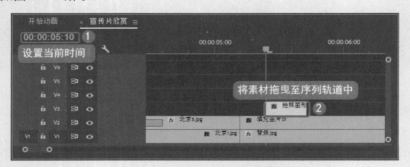

图 9-101　添加素材并设置持续时间

50 将当前时间设置为 00:00:05:12，在【项目】面板中选择【颜色遮罩】，将其拖曳至 V4 视频轨道中，将开始处与时间线对齐，将其【持续时间】设置为 00:00:00:04，如图 9-102 所示。

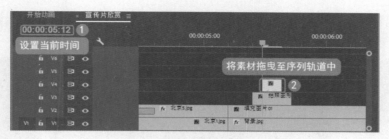

图 9-102　添加素材并设置持续时间

51 选中该素材文件，在【效果控件】面板中将【不透明度】设置为 84，单击其左侧的【切换动画】按钮，在打开的对话框中单击【确定】按钮，如图 9-103 所示。

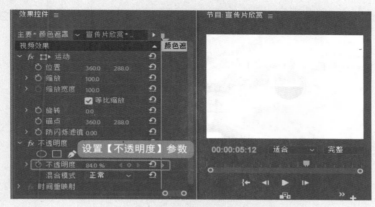

图 9-103　设置【不透明度】参数

52 在【项目】面板中选择"拍照 .wav"音频文件，双击该音频，打开【源】面板，将当前时间设置为 00:00:00:08，在【源】面板中单击 >> 按钮，在弹出的下拉列表中选择【标记入点】选项，如图 9-104 所示。

53 将当前时间设置为 00:00:00:15，在【源】面板中单击 >> 按钮，在弹出的下拉列表中选择【标记出点】选项，如图 9-105 所示。

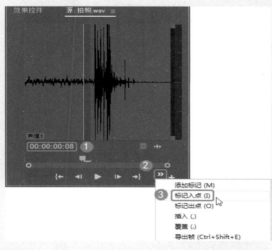

图 9-104　选择【标记入点】选项

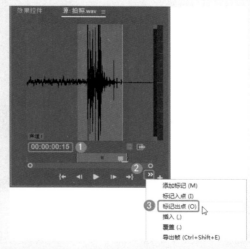

图 9-105　选择【标记出点】选项

54 将当前时间设置为 00:00:05:10，在【项目】面板中选择"拍照 .wav"音频文件，按住鼠标将其拖曳至 A1 音频轨道中，将其开始处与时间线对齐，如图 9-106 所示。

图 9-106　添加音频文件

55 在菜单栏中执行【文件】|【新建】|【旧版标题】命令，在打开的对话框中将名称设置为"中国北京"，单击【确定】按钮，在弹出的字幕编辑器中单击【文本工具】 T，在【字幕】面板中单击，输入文字"中国北京"，选中输入的文字，在【属性】选项组中，将【字体系列】设置为汉仪魏碑简，【字体大小】设置为 70，在【填充】选项组中将【颜色】的 RGB 值设置为 134、0、134，在【描边】选项组中单击【外描边】右侧的【添加】，将【大小】设置为 52，【颜色】的 RGB 值设置为 255、255、255，如图 9-107 所示。

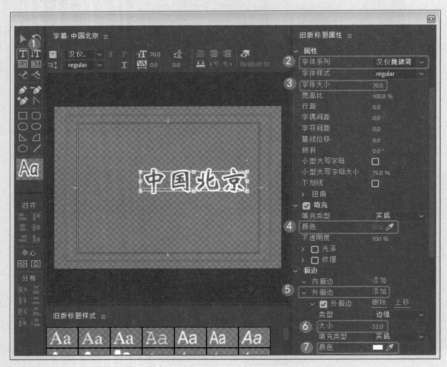

图 9-107　输入文字并进行设置

56 在【变换】选项组中将【X 位置】、【Y 位置】分别设置为 394.9、288.5，如图 9-108 所示。

图 9-108　调整文字位置

57 关闭字幕编辑器，将当前时间设置为 00:00:07:00，在【项目】面板中选择"中国北京"，按住鼠标将其拖曳至 V3 视频轨道中，将其开始处与时间线对齐，将其持续时间设置为 00:00:01:10，如图 9-109 所示。

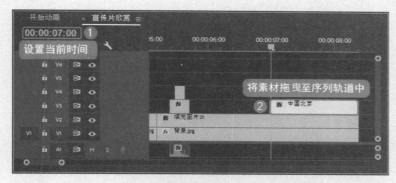

图 9-109　添加素材并设置持续时间

58 将当前时间设置为 00:00:07:00，在【效果控件】面板中将【缩放】设置为 20，单击其左侧的【切换动画】按钮，将【旋转】设置为 -3，如图 9-110 所示。

图 9-110　设置参数

59 将当前时间设置为 00:00:07:16，在【效果控件】面板中单击【位置】左侧的【切换动画】按钮，将【缩放】设置为 100，如图 9-111 所示。

图 9-111 添加【位置】关键帧并设置【缩放】参数

60 将当前时间设置为 00:00:08:04，在【效果控件】面板中将【位置】设置为 262、462，将【缩放】设置为 69，如图 9-112 所示。

图.9-112 设置参数

61 使用同样的方法制作其他旅游地的欣赏动画效果，效果如图 9-113 所示。

图 9-113 其他旅游地欣赏动画效果

9.3 制作宣传片的结束动画

下面介绍如何制作旅游宣传片的结束动画效果，具体操作步骤如下。

01 按 Ctrl+N 组合键，在打开的【新建序列】对话框中选择【序列预设】选项卡，选择 DV-PAL|【标

准48kHz】选项，将【序列名称】设置为"结束动画"，选择【轨道】选项卡，将视频轨道设置为11，单击【确定】按钮，如图9-114所示。

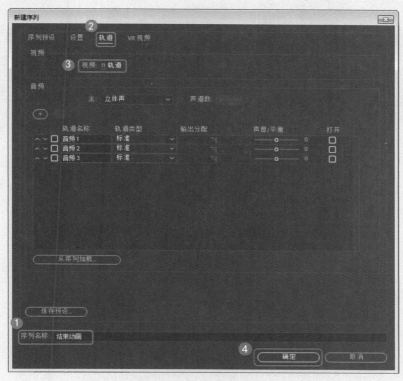

图 9-114　设置序列及轨道参数

02 根据前面所介绍的方法添加其他素材并对其进行相应的设置，如图9-115所示。

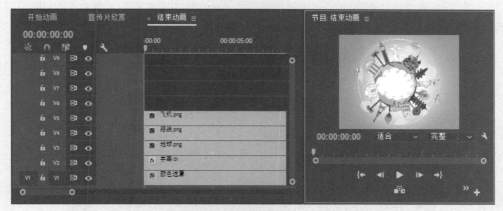

图 9-115　添加其他素材后的效果

03 在【项目】面板中双击"字幕03"，在弹出的字幕编辑器中单击【基于当前字幕新建字幕】按钮，在打开的【新建字幕】对话框中将【名称】设置为"字幕03 副本"，单击【确定】按钮，如图9-116所示。

04 使用【选择工具】，在【字幕】面板中选中所有对象，按住 Shift 键调整大小，如图9-117所示。

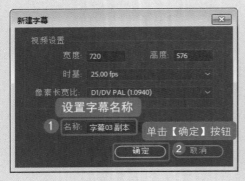

图 9-116　新建字幕并设置其名称

图 9-117　调整文字大小

05 关闭字幕编辑器，将当前时间设置为 00:00:00:00，在【项目】面板中选择"字幕 03 副本"，按住鼠标将其拖曳至 V6 视频轨道中，将其开始处与时间线对齐，将持续时间设置为 00:00:07:20，如图 9-118 所示。

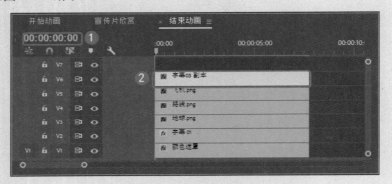

图 9-118　添加素材并设置持续时间

06 将当前时间设置为 00:00:05:16，在【效果控件】面板中，将【位置】设置为 335、305，【缩放】设置为 28，单击其左侧的【切换动画】按钮 🖼，如图 9-119 所示。

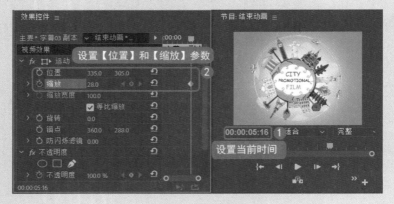

图 9-119　设置参数

07 将当前时间设置为 00:00:06:11，在【效果控件】面板中将【缩放】设置为 100，如图 9-120 所示。

图 9-120　设置【缩放】参数

08 将当前时间设置为 00:00:00:00，在【项目】面板中选择"填充图片 01"，按住鼠标将其拖曳至 V10 视频轨道中，将其开始处与时间线对齐，将其持续时间设置为 00:00:01:16，如图 9-121 所示。

图 9-121　添加素材并设置持续时间

09 将当前时间设置为 00:00:00:00，在【效果控件】面板中，将【位置】设置为 401、575，【缩放】设置为 45，单击【旋转】左侧的【切换动画】按钮◎，将【锚点】设置为 5、562，如图 9-122 所示。

图 9-122　设置参数

10 将当前时间设置为 00:00:00:05，在【效果控件】面板中将【旋转】设置为 -16，如图 9-123 所示。

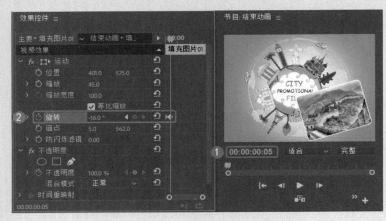

图 9-123　设置【旋转】参数

11 将当前时间设置为 00:00:01:05，在【效果控件】面板中单击【旋转】右侧的【添加/移除关键帧】
按钮，如图 9-124 所示。

图 9-124　添加【旋转】关键帧

12 将当前时间设置为 00:00:01:12，【旋转】设置为 -185，如图 9-125 所示。

图 9-125　设置【旋转】参数

13 将当前时间设置为 00:00:00:05，在【项目】面板中选择"填充图片 01"，按住鼠标将其拖曳至 V11 视频轨道中，将其开始处与时间线对齐，将持续时间设置为 00:00:01:00，如图 9-126 所示。

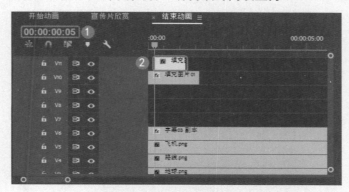

图 9-126　添加素材并设置持续时间

14 将当前时间设置为 00:00:00:05，在【效果控件】面板中，将【位置】设置为 524、409，【缩放】设置为 45，【旋转】设置为 -16，单击【位置】、【缩放】、【旋转】左侧的【切换动画】按钮，将【不透明度】设置为 0，如图 9-127 所示。

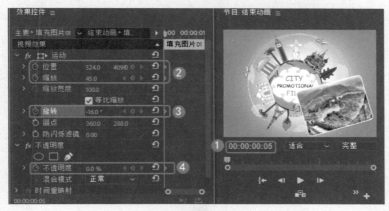

图 9-127　设置参数

15 将当前时间设置为 00:00:00:19，在【效果控件】面板中，将【位置】设置为 302、247，【缩放】设置为 78，【旋转】设置为 0，【不透明度】设置为 100，如图 9-128 所示。

图 9-128　设置参数

16 将当前时间设置为 00:00:00:00，在【项目】面板中选择"填充图片 02"，按住鼠标将其拖曳至 V9 视频轨道中，将其开始处与时间线对齐，将其持续时间设置为 00:00:03:00，如图 9-129 所示。

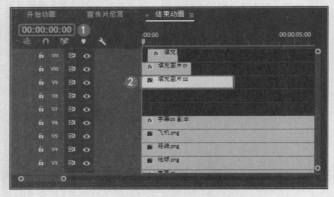

图 9-129 添加素材并设置持续时间

17 将当前时间设置为 00:00:01:05，在【效果控件】面板中，将【位置】设置为 401、575，【缩放】设置为 45，单击【旋转】左侧的【切换动画】按钮，将【锚点】设置为 5、562，如图 9-130 所示。

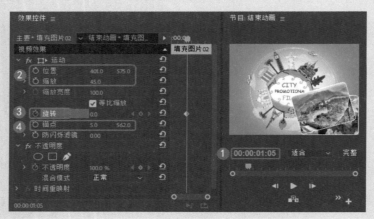

图 9-130 设置参数

18 将当前时间设置为 00:00:01:10，在【效果控件】面板中，将【旋转】设置为 -16，如图 9-131 所示。

图 9-131 设置【旋转】参数

19 将当前时间设置为00:00:02:15，在【效果控件】面板中单击【旋转】右侧的【添加/移除关键帧】按钮，如图9-132所示。

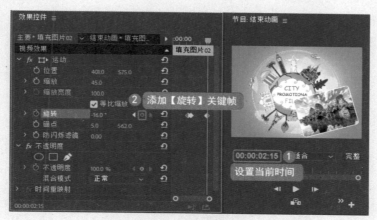

图9-132 · 添加【旋转】关键帧

20 将当前时间设置为00:00:02:22，在【效果控件】面板中，将【旋转】设置为-185，如图9-133所示。

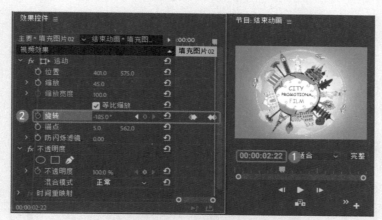

图9-133 设置【旋转】参数

21 将当前时间设置为00:00:01:15，在【项目】面板中选择"填充图片02"，按住鼠标将其拖曳至V11视频轨道中，将其开始处与时间线对齐，将持续时间设置为00:00:01:00，如图9-134所示。

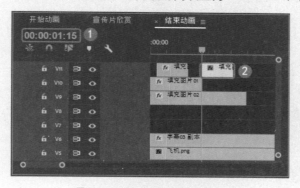

图9-134 添加素材并设置持续时间

22 将当前时间设置为 00:00:01:15, 在【效果控件】面板中, 将【位置】设置为 524、409, 将【缩放】设置为 45, 将【旋转】设置为 −16, 单击【位置】、【缩放】、【旋转】左侧的【切换动画】按钮, 将【不透明度】设置为 0, 如图 9-135 所示。

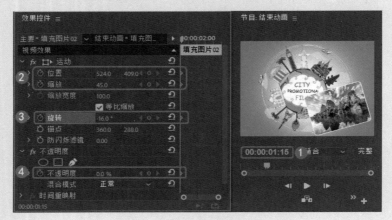

图 9-135 设置参数

23 将当前时间设置为 00:00:02:04, 在【效果控件】面板中, 将【位置】设置为 302、247,【缩放】设置为 78,【旋转】设置为 0,【不透明度】设置为 100, 如图 9-136 所示。

图 9-136 设置参数

24 使用同样的方法添加"填充图片 03"与"填充图片 04", 并设置其参数, 为其添加动画效果, 如图 9-137 所示。

图 9-137 添加其他素材后的效果

9.4 创建嵌套序列

下面介绍如何将制作完成后的序列进行嵌套，具体操作步骤如下。

01 按 Ctrl+N 组合键，在打开的【新建序列】对话框中选择【序列预设】选项卡，选择 DV-PAL|【标准 48kHz】，将【序列名称】设置为"城市宣传片"，单击【确定】按钮，如图 9-138 所示。

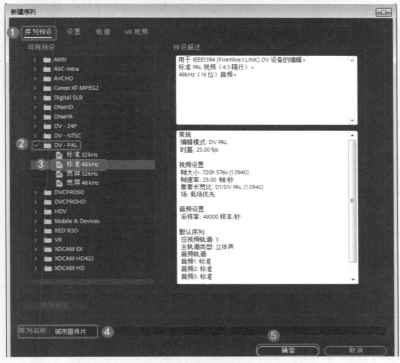

图 9-138 设置序列参数

02 将当前时间设置为 00:00:00:00，在【项目】面板中选择"开始动画"序列文件，按住鼠标将其拖曳至 V1 视频轨道中，将其开始处与时间线对齐，如图 9-139 所示。

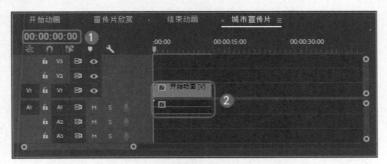

图 9-139 添加序列文件

03 将当前时间设置为 00:00:10:17，在【项目】面板中选择"宣传片欣赏"序列文件，按住鼠标将其拖曳至 V3 视频轨道中，将其开始处与时间线对齐，如图 9-140 所示。

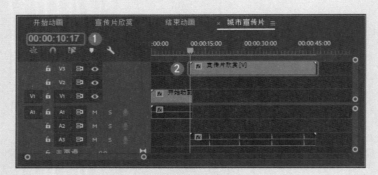

图 9-140　添加第二个序列文件

04 将当前时间设置为 00:00:45:18，在【项目】面板中选择"结束动画"序列文件，按住鼠标将其拖曳至 V1 视频轨道中，将其开始处与时间线对齐，如图 9-141 所示。

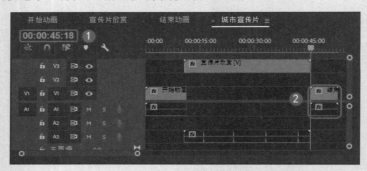

图 9-141　添加第三个序列文件

9.5　添加背景音乐并输出效果

下面介绍如何为旅游宣传片添加背景音乐并输出效果，具体操作步骤如下。

01 将当前时间设置为 00:00:45:18，在【项目】面板中选择"背景音乐 .mp3"音频文件，按住鼠标将其拖曳至 A2 音频轨道中，将其开始处与时间线对齐，如图 9-142 所示。

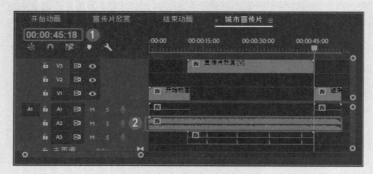

图 9-142　添加音频文件

02 按 Ctrl+M 组合键，在打开的对话框中，将【格式】设置为 AVI，将【预设】设置为 PAL DV，并指定保存路径及名称，单击【导出】按钮，如图 9-143 所示。

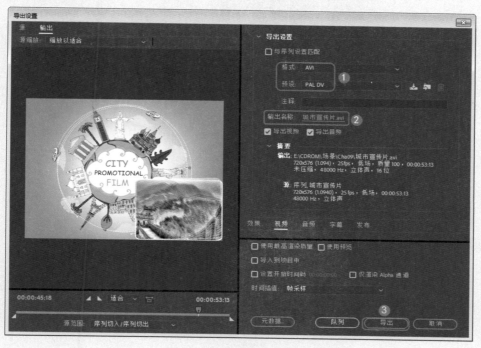

图 9-143　设置导出参数

参 考 文 献

[1] 江真波、薛志红、王丽芳 . After Effect CS6影视后期制作标准教程 [M].北京:人民邮电出版社，2016.

[2] 潘强、何佳 . Premiere Pro CC 影视编辑标准教程 [M]. 北京：人民邮电出版社，2016.

[3] 周建国 . Photoshop CS6 图形图像处理标准教程 [M]. 北京：人民邮电出版社，2016.

[4] 沿铭洋、聂清彬 . Illustrator CC 平面设计标准教程 [M]. 北京：人民邮电出版社，2016.

[5] [美]Adobe 公司 .Adobe InDesign CC 经典教程 [M]. 北京：人民邮电出版社，2014.

[6] 唯美映像 .3ds Max 2013+VRay 效果图制作自学视频教程 [M]. 北京：人民邮电出版社，2015.